天文终极之问

我们是谁，我们从何而来，终将去到哪里

［美］尼尔·德格拉斯·泰森（Neil deGrasse Tyson）

［美］詹姆斯·特赖菲尔（James Trefil）　著

符　磊　胡方浩　王科超　译

江苏凤凰科学技术出版社·南京

江苏省版权局著作权合同登记 图字：10-2021-8

图书在版编目（ＣＩＰ）数据

天文终极之问：我们是谁，我们从何而来，终将去到哪里 /（美）尼尔·德格拉斯·泰森，（美）詹姆斯·特赖菲尔著；符磊，胡方浩，王科超译. — 南京：江苏凤凰科学技术出版社，2023.7（2024.2重印）
 ISBN 978-7-5713-3527-4

Ⅰ.①天… Ⅱ.①尼… ②詹… ③符… ④胡… ⑤王… Ⅲ.①天体物理学 Ⅳ.① P14

中国国家版本馆 CIP 数据核字 (2023) 第 076049

天文终极之问： 我们是谁，我们从何而来，终将去到哪里

著　　　者	［美］尼尔·德格拉斯·泰森（Neil deGrasse Tyson） ［美］詹姆斯·特赖菲尔（James Trefil）	
译　　　者	符　磊　胡方浩　王科超	
责 任 编 辑	沙玲玲　杨嘉庚	
责 任 校 对	仲　敏	
责 任 监 制	刘文洋	

出 版 发 行	江苏凤凰科学技术出版社
出版社地址	南京市湖南路 1 号 A 楼，邮编：210009
出版社网址	http://www.pspress.cn
印　　　刷	北京利丰雅高长城印刷有限公司

开　　　本	718 mm×1 000 mm　1/16
印　　　张	18.5
字　　　数	300 000
插　　　页	4
版　　　次	2023 年 7 月第 1 版
印　　　次	2024 年 2 月第 2 次印刷

标 准 书 号	ISBN 978-7-5713-3527-4
定　　　价	98.00 元（精）

图书如有印装质量问题，可随时向我社印务部调换。

献给那些对宇宙充满好奇并孜孜不倦地

追寻人类存在的终极意义的人。

COSMIC QUERIES

StarTalk's Guide to Who We Are,
How We Got Here, and Where We're Going

两个黑洞碰撞的计算机
模拟图像。

作者序

《名人谈星》(*StarTalk*) 是一个跨平台（广播、博客、电视）的科普脱口秀节目，无缝融合了科学、喜剧和流行文化。其中有一个名为《天文终极之问》(*Cosmic Queries*) 的经授权许可的衍生节目，它的开展形式是，我们首先向《名人谈星》的粉丝群就某个主题征集相关的问题，然后在节目中进行解答。令我们始料未及同时也十分欣喜的是，《天文终极之问》已经成为很多观众最喜爱的节目形式。

但由于时间有限，对于大家提出的一些深层次问题，比如我们的宇宙如何诞生、宇宙由什么构成、我们在宇宙中是否孤独、宇宙将如何终结等，我们无法在节目中详细解答。为此，我们专门构思并组织编写了这本书，它继承了《名人谈星》节目信息丰富且轻松愉快的风格。与我合著本书的是詹姆斯·特赖菲尔，他是我学术上的同事，同时也是资深的物理教育家，他为本书奠定了重要基础。《名人谈星》的高级制片人和首席撰稿人林赛·N.沃克 (Lindsey N. Walker) 也不知疲倦地工作，以确保本书完成对节目内容重新编辑、整理的使命。

左页图 普通植物的种子在扫描电子显微镜（SEM）下的样子，从中可以看到地球上生物的多样性，图中颜色为后期合成。

目 录

左页图 缅因州阿卡迪亚国家公园海岸线上生物发出的光和上方的星空交相辉映。

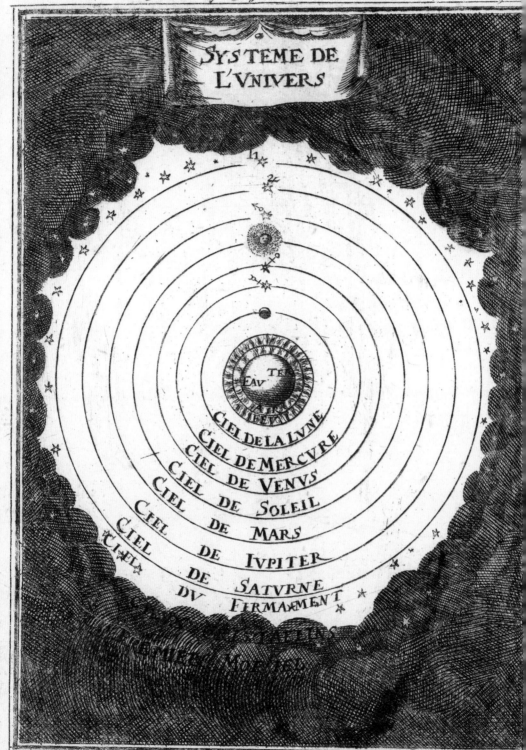

引 言

宇宙这个可以让人无限探索的宝库在人类的好奇心中始终占有独一无二的地位，平心而论，应该没有人会否认这一点。这一事实也使宇宙成为人类集体无知的陈列室，因此，人们在千百年中一直将天空作为自己所敬拜的大多数神灵的居所这一点，也就不足为奇了。这些神灵的一个"共同任务"是控制那些对我们有限的精神和肉体来说无法理解和控制的神秘现象。

在人类旺盛的好奇心和广袤的未知领域之间，横亘着一道充满一系列问题的深渊，其中一些问题我们所有人都问过，而一些人则问过几乎所有这些问题，但并非所有的问题都得到了满意的解答。对于那些未得到解答的问题，或许我们目前能给出的答案并不完整甚至是不及格的。而对于剩下的那些问题，我们可以在环顾天地之后，充满信心并略带自豪地宣布：至少我们人类的理性可以理解宇宙的某些部分。但我们也必须谦虚地承认，那些未知的领域也在随着我们知识的增长而不断地扩大。

在这本书中，我们将会探讨那些关于人类在宇宙中位置的最深刻的问题，以此来满足你的好奇心。但是，本书的内容也会让你陷入未知的旋涡，将你倒吊在知识的裂缝之上。不过不必担心，因为好奇心和奇迹的真正来源就在于此。无知的唯一解药正是求知，人类在探索宇宙前沿时所使用的各种科学方法和工具，将帮助我们更好地求知。

左页图　取自一本 1719 年的出版物，其中的图形反映了古代以地球为中心的世界观。

第一章 地球在宇宙中处于什么位置？

从国际空间站上看到的
太平洋上空的日落。

1

艾萨克·牛顿（Isaac Newton）和亚里士多德（Aristotle）走进一家酒吧，他们正在就物体落向地面时究竟发生了什么进行辩论。两人都想象着那个场景，但他们看到的却完全不同。

亚里士多德认为，万物都是由土、气、火、水这4种基本元素构成的，而由土元素构成的物体会自动向宇宙中心运动。按照这个观点，很自然的结论就是地球是宇宙的中心。对他来说，地球静止不动，所有天体都绕着地球运行，这一点是不证自明的，而物体下落也是其内在的属性所致。

牛顿不关心物体是由什么构成的，只关心它的质量。他认为地球对其表面的每个物体都有引力作用。按照他的万有引力定律，在地球上释放的任何物体都会因为受到这个力的作用而落向地面。

他还将此理论进一步推广，认为天体之间也存在同样的相互作用，因此月球会在其轨道上运行——如果没有地球对它的引力作用，月球就会脱离轨道。

左页图　我们花了数千年的时间才明白我们在宇宙中的位置。

亚里士多德要了一杯松香酒，牛顿则点了一杯浓蜂蜜酒。他们一边喝酒，一边争论到底谁才是对的。在牛顿的理论中，当忽略空气阻力时，所有从地球表面释放的物体都会以相同的速度下落。而按照亚里士多德的理论，因为较大的物体比较小的物体包含更多的土元素，因此会下落得更快，物体下落的速度与它包含的土元素的量成正比。牛顿提出通过一个简单实验来进行验证，他们向酒吧服务员要了一枚1便士硬币和一瓶昂贵的波旁威士忌，然后在同一高度释放两者。他们发现两者虽然质量不同，但确实以相同的速度下落。牛顿指出，科学方法的核心就是用实验来检验我们的理论。这一指导思想在日后人类寻找客观真理和研究我们在宇宙中位置的过程中，给人类社会带来了深远影响。

这一次亚里士多德要为两人之前的饮料和这瓶波旁威士忌买单了。

地球是行星吗？

在1 000多年的时间里，古希腊人提出并发展的宇宙观主导了我们对于地球在宇宙中位置的思考。古希腊人认为我们的地球是宇宙的中心，是静止不动的，是所有生命的家园，包括太阳在内的其他所有天体都围绕地球运动。此外，他们还假设地球上的任何缺陷都不会延伸到天上。太阳和月球被认为是完美无瑕的球体——行星、恒星和其他天体各自镶嵌在不同的同心水晶球壳（称为天层）上，绕着地球运动，这些球壳组成的结构就像是隐形套娃一样。天层被视为与地球不同，由不同的物质组成，并根据不同的规律运行。在这个模型中，地球相对于宇宙中的其他天体是完全独立的存在，直到牛顿弥合了它们之间的裂痕，地球才真正成为众多天体中的一员，真正成为宇宙的一部分。

公元150年左右，生活在亚历山大城的天文学家、数学家克罗狄

最著名的失败实验

　　亚里士多德和牛顿确实有一些共同之处：他们相信有一种神秘的、看不见的物质——以太充满着宇宙空间。直到 19 世纪晚期，物理学家依然（明智地）假设，因为振动的声波需要媒介如空气来传播，所以光的传播也必须依靠某种媒介，即以太。在很长的一段时间里，即使是那些最伟大的科学家都坚持用以太来解释那些无法解释的自然现象。亚里士多德声称，天体在透明的球壳上运行，以太填充了球壳之间的空隙。牛顿提出，引力产生的原因是以太不断流向地球。法国数学家勒内·笛卡尔（René Descartes）也假设，不用接触而产生的相互作用，如磁力和潮汐作用等可以拖曳和推动以太。

　　但在 1887 年，化学家爱德华·莫雷（Edward Morley）和物理学家阿尔伯特·迈克耳孙（Albert Michelson）首次提供了令人信服的证据来反对这种观点。他们推断，如果以太充满我们周围的空间，那么地球相对以太的运动可以通过测量光速的变化来检测。因为在地球相对以太同向运动和反向运动时，测得的光的速度是不一样的。打个比方，如果你站在地面上观察一列火车经过，然后测量从火车上向前进方向抛出的球相对于地面的速度，你实际测得的是火车的速度加上球相对于火车的抛出速度。如果球向后扔，你测得的是火车的速度减去球相对于火车的抛出速度。那么光速也会和球速一样变化吗？

　　为了回答这个问题并测量光速，迈克耳孙发明了干涉仪，这是当时最精确的仪器。实验的结论是没有发现以太。无论光相对于地球朝哪个方向运动，光速都是相同的。这个"失败"的实验震惊了当时的物理学界，并最终导致了狭义相对论的创立。

右图　迈克耳孙设计的干涉仪。

斯·托勒密（Claudius Ptolemy）阐述了古希腊的终极宇宙观。像许多古希腊学说一样，他的理论经历了一些波折才最终进入欧洲中世纪的大学课程中。他的不朽名著《天文学大成》（*Almagest*，也译作《至大论》）先是在巴格达的智慧之家（阿拉伯帝国时期的图书馆和学术翻译机构）被翻译成阿拉伯语，然后又被十字军带到西班牙并翻译成当时学术研究的通用语言拉丁语。托勒密这部著作的意义和影响从阿拉伯人给它起的名字中可见一斑，其阿拉伯语书名 *Almagest*（一直沿用至今）的意思是"伟大之至"。

上图　在 17 世纪中叶于阿姆斯特丹出版的星图集，它也被称为《宇宙的和谐》（*The Harmony of the Universe*），图中描绘了托勒密的宇宙观，行星都在一系列的同心圆轨道上绕着地球旋转。

> **Neil deGrasse Tyson**
> @neiltyson
>
> 科学方法致力于让人辨明真理，不把错缪当真理，也不将真理当作错缪。
>
> 90　1.6K　593　2012年7月18日，13:50

托勒密的地心说经过了数次修正。在最早的地心说中，行星在同心水晶球壳上运动，随后为了解释观测结果，人们又提出行星还会同时绕着较小的圆轨道运动，后来又引入了比之前更小的圆轨道，这些小的圆轨道统称为本轮。通过调整所有这些球壳和本轮的旋转速度，托勒密解释了在他之前的古希腊和古巴比伦天文学家几个世纪以来的观测结果，还可以预测日食、月食和其他天象。托勒密的理论看起来很完美，因此这个以地球为中心的模型直到 1 000 多年后才遭到严重的危机和挑战也就不足为奇了。

古希腊人认为天上有 7 个“流浪者”——水星、金星、火星、木星、土星、太阳和月球，行星在希腊语中就是“流浪者”的意思。因为地球在星空中是看不到的，所以地球不被视为“流浪者”或行星。在地心说中，地球不位于任何同心水晶球壳之上。

对古希腊人来说，地球是宇宙不动的中心，是所有生命的家园。（请记住，对于亚里士多德来说，掉落的波旁威士忌酒瓶其实是在寻找这个不动的宇宙中心。）我们今天所说的外星生命（地外生命）在他们的宇宙观中没有立足之地。我们今天所谓的系外行星（太阳系之外的行星），都需要另一个被水晶球壳包围的“地球”——另一个完整的“宇宙”。如果这样的宇宙存在的话，他们会争辩说，落下的酒瓶如何决定去寻找哪个“宇宙中心”？于是他们得出结论，显然中心、地球、宇宙都是独一无二的存在。

上图　1968 年 12 月 24 日，阿波罗 8 号在绕月轨道上拍摄的地出（earthrise）。这是人类历史上第一艘绕月航行的载人飞船，它在距月面约 112 千米的轨道上飞行了 10 圈。现代的太空观测证实了多个世纪以前关于地球形状的理论。

棍棒天文学

我们不知道你在小学三年级学到了哪些知识，但我们需要知道一个事实，那就是在 15 世纪时，任何一个受过哪怕一丁点儿科学教育的人都不相信地球是平的，或者说没有人会相信克里斯托弗·哥伦布（Christopher Columbus）如果航行得太远会从地球的边缘掉下来。

托勒密在他的《天文学大成》中专门用了一节来论证地球是圆的，书中说道："地球作为一个整体，明显也是球形的。"除其他证据外，他还特别指出，发生日食的时候，地中海周围不同地方看到日食的时间是不一样的，而如果地球是平的，那么不同地方看到日食的时间应该是相同的。此外，月食期间地球在月球上的阴影也是圆形的。在宇

引入本轮

当水星逆行时，到底会发生什么？事实是一切正常，而不是像占星家所说的那样，因为水星实际上并没有逆行。这只是地球和水星围绕太阳公转时的相对运动导致的视觉效应，就像当列车开动时列车上的你会看到旁边停着的列车在向后跑一样。

但是在托勒密的时代，行星逆行的现象需要在地心说的理论框架下来解释。为了合理地解释行星周期性的逆行现象，天文学家在地心说的同心圆轨道中引入了更小的圆轨道，称之为本轮，这也使得地心说模型越来越复杂。最终，日心说使得天体运动模型大大简化，包括行星逆行在内的多种天文现象也得到了更加自然的解释。

上图　引入本轮后的地心说模型越来越复杂，图中模型的本轮中还包含着更小的本轮。

> **Neil deGrasse Tyson** ✓
> @neiltyson
>
> 无论你是否相信，在世界各地一直都有地球扁平论的支持者。
>
> 💬 2.5K   🔁 12K   ♡ 92.3K   2019年10月30日，16:27

宙中只有球体才能在阳光从不同角度入射的情形下，始终形成一个圆形阴影。托勒密进一步描述了一艘驶离海岸线的船将会"船体向下"，也就是说，船体会首先消失在地平线以下，而船的桅杆仍然可见：这正是船在地球表面这个曲面上航行的证据。

除了上述证明方法，今天我们还可以通过玫瑰碗比赛（玫瑰碗是美国加利福尼亚州洛杉矶的著名体育场，经常举办重要体育赛事，在美国国内玫瑰碗是全美大学橄榄球比赛的代名词）来论证地球是球体，证明过程如下：在美国东海岸观看于美国西部加利福尼亚州举行的玫瑰碗比赛的人，会看到一个沐浴在傍晚阳光下的体育场，而他们那里的窗外却已经天黑了，如果地球是平的，那么所有地方应该会同时天黑。因此，无论是古人还是现代的橄榄球迷，都有充分的理由相信地球是一个球体。

其实早在托勒密时代之前，赛伊尼（今埃及阿斯旺）的哲学家埃拉托色尼（Eratosthenes）不但认为地球是一个球体，还提出了一种很好的测量地球周长的方法。那可是在 2 000 多年前，远在望远镜发明之前，那时绝大多数天文测量仪器还未出现。他的测量工作是"利用棍棒研究天文学"的典范。

右页图 由于缺乏正确的宇宙观，在古代星空观测者的眼中，夜空就像天文馆的穹顶一样，只是一个星光闪耀的球壳。恒星和行星镶嵌在天空上，而不是处于宇宙空间中。

皇家评语

有着智者阿方索（Alfonso the Wise）之称的卡斯蒂利亚王国国王阿方索十世在了解托勒密复杂的地心说模型后说道："若吾自创世始即已降生，必将令整个世界更为合乎天道。"

埃拉托色尼可以确定，太阳将在当地时间的 6 月 21 日（夏至）正午位于他头顶的正上方，阳光会直射到他家乡赛伊尼的一口深井底部。与此同时，他测量了远在赛伊尼北部的亚历山大城中一根棍子投下的阴影的长度。

他知道太阳光线和棍子之间的夹角与亚历山大城和赛伊尼之间的

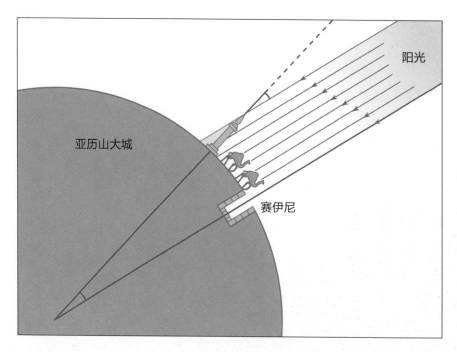

上图　通过比较夏至那天射向赛伊尼深井中和一段距离外的亚历山大城的棍子的阳光角度的差异，古希腊天文学家埃拉托色尼测量了地球表面的曲率，并由此计算出了地球的周长，在当时的技术条件下结果可谓非常精确。

距离除以地球半径得到的值有关，这项计算在今天可能只是一个高中几何问题，但在当时可以算是数学研究的前沿课题。（一个有趣的事实：英文中的几何一词 geometry 源自希腊语中的"测量地球"。）

埃拉托色尼测量的结果是：地球的周长是亚历山大城和赛伊尼之间距离的 50 倍，或 25 万斯塔德（stadia）。斯塔德是一个长度单位（体育场的英文单词 stadium 就源于该词），但不幸的是，这不是一个标准单位，因为当时至少有 6 个不同的体育场被用作斯塔德的长度标准。出于对前辈科学家的尊重，我们使用最接近今天所知的地球周长的标准，以此计算，他的测量值只有大约 1% 的误差。

考虑到测量只用了一根棍子，这个结果可以说已经相当难得了。

视差法

要了解地球在宇宙中的位置，我们首先必须知道宇宙的实际尺度，以及与地球相比宇宙到底有多大。这个问题看似很简单。在地球上，测量两地之间或者两个物体之间的距离通常问题不大。但要测量宇宙中天体间的距离就不是这么回事儿了，这个问题的解决为现代天体物理学中最复杂的问题之一——宇宙距离阶梯打开了一扇门。在本书的后续内容中我们会多次回到这个话题上。

首先我们要意识到一点，尽管当我们观察夜空时看到的只是一幅二维的图像，但我们知道那些闪烁的天体离我们的距离各不相同——或者换句话说，我们知道星空是三维的。现在我们面临的挑战就在于如何弄清楚所有这些天体与地球之间的实际距离。

不幸的是，我们在地球上测量距离的方法和工具不适用于测量宇宙中的天体。可以这么说，首先你需要迈出测量天体距离的第一步，站上宇宙距离阶梯的第一个梯级。只有站上了第一个梯级，你才有可能研究出测量更远天体距离的方法和工具，即跨上下一个梯级。当某种测距方法达到其测量极限时，必须找到另一种有效的方法来突破上一种方法的限制，以此类推。而当你登上的梯级越来越高时，也就是当测距方法所适用的尺度不断增大时，测量误差的尺度也会随之越来越大。

站上宇宙距离阶梯中第一个梯级的方法是视差法。可以用一个非常简单的方式来演示这种方法，而且几乎可以肯定，你以前使用过这种方法，只是不知道其中的意义而已。请你先闭上左眼，然后伸出手臂，用手指随便指向房间对面的某个物体。现在睁开你的左眼，闭上你的右眼，你会发现你的手指并没有指向你刚才所指的位置，手指的指向发生了变化。出现这个现象是因为左、右眼到指尖的视线角度不同。

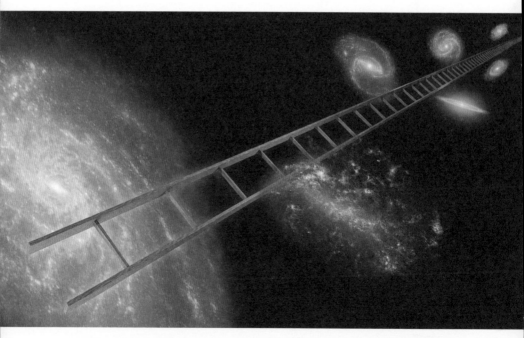

上图 丈量宇宙就像是爬阶梯，站在第一个梯级上的你只能测量那些距离我们最近的天体的距离，当全新的工具和方法发明出来后，你就能测量更远天体的距离，爬上下一个梯级。我们就这样一步一步地深入太空之中。

秒差距

角度通常以度（°）为单位，360 度构成一个完整的圆。每度分为
60 角分（′），每角分又分为 60 角秒（″）。对于一颗视差为 1 角秒的恒
星，它与太阳的距离大约为 3.26 光年。1 角秒视差的概念已被简化为术
语"秒差距"——描述天体距离的一种单位，秒差距在现代天体物理学以
及《星际迷航》（*Star Trek*）和《星球大战》（*Star Wars*）系列小说等
太空科幻作品中被广泛采用。

如果知道这两个角度以及左、右眼之间的距离，使用简单的几何知识
就能算出左、右眼各自到指尖的距离。

这种方法也可以应用到测量天体之间的距离。可以想象从地球上
两个不同的位置测量遥远天体（如行星），同样的道理，如果我们知道
地球上两个不同地点观测天体的视线角度以及这两个观测点之间的距
离，就能由此计算出天体与地球之间的距离。

古希腊天文学家依巴谷（Hipparchus，又译喜帕恰斯）用视差法
估算出地月距离大约为地球半径的 60 倍：比实际距离大了 2 倍[①]。（考
虑到他的测量结果本来可能会偏离 10 倍、100 倍、1 000 倍，或者根
本没有办法测量，这个结果很值得钦佩。）依巴谷也尝试测量地球与太
阳的距离，但结果不尽如人意。他计算的地球与太阳的距离比水星与
太阳的距离还要小。

当我们想要测量特别遥远的天体（比如恒星）的距离时会发生什
么呢？在使用手指进行视差实验的时候，你的手离脸越远，你来回切

---

① 按照现代测量结果，地月距离确实约为地球半径的 60 倍，依巴谷的结果应
该是非常精确的，作者却说大了 2 倍，原因可能是依巴谷当时所用的地球半径
数据有较大误差。

Neil deGrasse Tyson
@neiltyson

很多时候我们并不知道自己对宇宙存在哪些未知，所以对我来说，能够发现问题显得更为重要。

💬 911　　🔁 5.5K　　♡ 42.3K　　　　2020年7月5日，17:04

换左右眼时，手指在背景上移动的角度就越小。如果你的胳膊有足球场那么长，那么你切换左右眼看到的手指指向几乎是没有区别的。因为与眼睛到手指的距离相比，两只眼睛的间距太小了，手指在背景上移动的角度会随着测量对象距离的增大而很快地变小，最终小到视差无法测量的程度。

在这种情况下有两种解决方案：（1）利用适合测量微小角度变化的仪器设备，如望远镜；（2）让两只"眼睛"离得更远。

随着视差观测技术的发展，两只"眼睛"（也就是两个观测点）之间的距离会越来越大，但这个距离最终只能达到地球绕太阳公转的轨道的直径那么大，我们最终还是要靠望远镜技术的发展。当我们在距离更远的背景星空上观测一颗"附近"的恒星后，需要耐心地等待6个月，当地球运行到公转轨道的另一侧时，再次观察这颗恒星。你会观测到恒星在背景星空上位置的变化，这也就是宇宙版本的左右眼切换。现在观测的基线不再是两只眼睛之间那以厘米计的短线了，而是地球公转轨道的直径。当然，我们需要先准确地测量这条基线的长度。

太阳系有多大？

在中世纪农民的眼中，宇宙是一个小而温馨的地方。天堂就在他们的头顶上，恒星和行星也不会比邻近的国家远多少。即使在尼古拉·哥白尼（Nicolaus Copernicus）证明了宇宙的中心是太阳而不是地球以后，人们对宇宙大小的认知仍然如此。

但这一切即将改变。1610 年，伽利略·伽利雷（Galileo Galilei）成为第一个用望远镜观察星空的人。结果，他的一系列发现引发了连锁反应，最终将人类对宇宙大小的认知扩展到了古人无法想象的维度。毫无疑问，望远镜是一种开创性的仪器，它通过放大图像让我们看得更远，同时也让天文学家能够更准确地测量角度——这反过来又增强

上图 欧洲南方天文台（ESO）位于智利的一台设备正使用激光引导星[1]来校准甚大望远镜（VLT），这是一种应对大气湍流的现代校准方法。

---

[1] 一种通过发射激光激发上层大气发光以形成高亮"人造星"的技术。

30 美分 无论你是否相信，这就是亨丽埃塔·勒维特在哈佛大学天文台工作时的时薪，这大约相当于今天的 9 美元。

了我们测量微小视差和遥远天体距离的能力。

1672 年，新成立不久的法兰西科学院派出考察队前往法属圭亚那的卡宴（Cayenne）测量火星在天空中的位置，测量同时也在巴黎进行。这次远征的时间安排在火星和地球最接近的时段，它们位于太阳的同一侧。利用两地观测的视差和两个望远镜之间的已知距离，就能够确定地球与火星之间的距离。通过这次测量，他们第一次使用了开普勒的行星运动定律来计算地球和太阳之间的距离，这一距离被称为天文单位（AU），计算结果与现代测量值的误差不到 10%。

这个结果将当时人们所认知的宇宙扩大了 20 倍，而地球也变得比以往人们所相信或想象的更微不足道了。

亨丽埃塔·勒维特与标准烛光

利用最新的空间望远镜，视差法可以测量邻近的大约 10 亿颗恒星的距离。这个数字听起来很大，但这些恒星只是地球附近很小的一个球形区域内的恒星而已，还不到银河系所有恒星的 1%。如何测量更远恒星的距离呢？或者如何测量其他星系与我们的距离呢？我们需要在宇宙距离阶梯上再往上跨一步。

这就必须要提到一个在天体物理学史大名鼎鼎的人——亨丽埃塔·勒维特（Henrietta Leavitt）。勒维特的父亲是一名牧师，她参加了当时被称为女子大学教育协会的组织，该协会就是拉德克利夫学院的前身，后成为马萨诸塞州剑桥市哈佛大学的下属学院。毕业后，她在哈佛大学天文台找到了一份工作。

"哈佛计算机"

　　1885 年，勒维特加入了一个进行烦琐的恒星光谱分析工作的女性团队。她们受聘于哈佛大学天文台台长爱德华·皮克林（Edward Pickering），据说皮克林对她们的期望是"工作，别思考"。尽管她们受过高等教育，却被禁止操作望远镜，而且报酬和未受教育的普通工人一样。勒维特关于造父变星的论文的署名也是皮克林，而她一生却从未获得应有的荣誉。

上图　亨丽埃塔·勒维特。

　　在当时，天文台对大量天文数据的分析工作是用纸和笔完成的，由一群人负责。哈佛大学天文台负责这项工作的一群女性后来被称为"哈佛计算机"。 在分析各种类型的恒星时，勒维特细致地研究了一种特殊的稀有恒星——所谓的造父变星（cepheid variable），因其首先在仙王座（Cepheus）中发现而得名。勒维特发现造父变星的亮度会在数周或数月的时间内规律性变化。她测量后发现造父变星的光变周期[①]与光度（天体表面单位时间辐射的总能量，即天体真正的发光能力）呈正相关，也就是说，造父变星越亮，光变周期就越长。

　　如果你事先知道一颗恒星的光度，通过一个简单的公式就能知道在不同距离观测这颗恒星时它的亮度，然后你便可以根据实际观测到的亮度计算出恒星离我们的距离。但首先你需要一颗距离足够近的造父变星，以便通过视差法来确定其与我们的距离。只有这样，你才能踏上宇宙距离阶梯上的下一个梯级。勒维特的方法是天体物理学家所

① 通常为 1 ~ 50 天，也有长达 200 天的。

谓的用于确定距离的标准烛光的首次应用。当我们讨论暗能量和宇宙加速膨胀时，会再次提及这种方法。

星系

到 20 世纪初，天文学家对地球在银河系中位置的问题已经搞得很清楚了。美国天文学家哈洛·沙普利（Harlow Shapley）使用勒维特的标准烛光法确定了银河系的大小——直径达到 10 万光年。这一测量结果令当时的天体物理学家和其他所有人都感到震惊。宇宙的尺度在随着新进行的距离测量突飞猛进地增长。沙普利还确定了太阳并非位于银河系的中心，而是在银河系的"郊区"，位于从银河系中心向外三分之二倍半径的位置。这一打破原有认知的发现，可以和哥白尼宣称地球可能不是宇宙中心相提并论。

但是请等等，后面还有更多发现。

20 世纪 20 年代，天文学家用望远镜发现了很多散布在星空中的形状模糊的斑点状和团块状天体。这些天体被命名为"星云"（nebulae，拉丁语中"云"的意思），其中一些天体显然是大量的无定形发光气体和尘埃——它们都位于被我们称为银河的弧形光带内。

然而，另一类模糊天体则表现为不同的形态，当时称其为旋涡星云（spiral nebula），因为它们就像宇宙中的风车一样。它们有些侧面对着我们，有些正面朝向我们，而有些则呈其他角度。但当时的望远镜分辨率不足，无法看到其中的单颗恒星。

当时对旋涡星云的本质存在不少争论。它们是否如沙普利所说，与星空中的其他天体一样只是银河系内部的结构？这其实也暗示着银河系实际上就是整个宇宙。或者它们的确是其他星系，与我们之间的距离大得难以想象，是名副其实的散布在宇宙深处的"宇宙岛"？或者换个问法，宇宙到底是被虚空包围的大量恒星的集合，还是由其他无数个与银河系类似的星系组成？

　　幸运的是，在 20 世纪 20 年代，回答这个问题的舞台也已经搭建好了。得益于慈善家安德鲁·卡内基（Andrew Carnegie）的资助，在帕萨迪纳市附近的威尔逊山上建成了当时最大的望远镜——胡克望远镜。一位名叫埃德温·哈勃（Edwin Hubble）的年轻人参与了该望远镜的运行工作——你猜对了，美国国家航空航天局（NASA）传奇的哈勃空间望远镜（HST）就是以他的名字命名的。胡克望远镜的超高分辨率使哈勃能够识别出仙女座大星云（现称仙女星系）中明亮的造父变星，他使用了勒维特的标准烛光法来确定造父变星的距离，结果竟然发现其距离我们超过了 200 万光年。因此，仙女座大星云绝不可能是飘浮在直径仅 10 万光年的银河系范围内的星云。通过这些观测，哈勃一劳永逸地揭示了宇宙的大尺度结构：银河系只是宇宙中众多星系中的一个而已。

上图　1917 年，加利福尼亚州威尔逊山天文台用卡车沿着崎岖的山路将一块 2.54 米口径、重达 4.5 吨的镜片运往山顶，建成了当时世界上最大的望远镜。哈勃利用这台望远镜确认了除银河系以外还存在其他星系。

50 万美元 威尔逊山天文台 2.54 米口径的胡克望远镜在当时耗资 50 万美元，大约相当于现在的 620 万美元。

数十亿又数十亿

前面我们已经了解了地球在太阳系中的位置以及太阳系在银河系中的位置，现在我们马上就来看看银河系在宇宙中到底处在什么位置，这样也就能够完成我们对地球在宇宙中位置的探索了。

哈勃确定了河外星系的存在后，就立即开始了系统性的巡天观测，并最终提出了一种基于星系形态的河外星系分类方法。从缺乏气体、

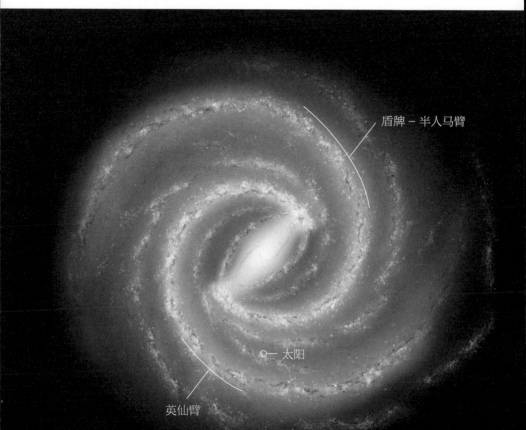

盾牌 – 半人马臂

太阳

英仙臂

Neil deGrasse Tyson ✔
@neiltyson

天体物理学家从不畏惧黑暗，因为我们知道黑夜中闪耀着人眼看不见的光。

💬 700　　🔁 5.5K　　♡ 38.7K　　2019年5月28日，10:37

不再产生恒星的椭圆星系，到富含气体、精美壮观的旋涡星系，如银河系，恒星在星系中诞生、燃烧直至最终死亡。恒星是生产重元素[①]的宇宙工厂，并在死亡后将重元素散布到整个星系中。有研究显示，银河系的大多数恒星都有行星环绕它们运行，算上那些在宇宙中游荡（不绕恒星公转）的流浪行星的话，你会发现我们其实生活在一个拥有数千亿颗行星的星系中——其中一些行星很可能具备生命存在的条件。

　　然而，我们一旦接受了银河系平凡的本质，就需要去发现宇宙中到底有多少个星系以及它们离我们有多远——这与我们之前确定银河系内恒星距离时所面临的问题并无二致。对于那些最遥远的星系，我们无法看到其中的单颗恒星，因此不能再使用勒维特的标准烛光法来确定距离，这就迫使我们找到另一种确定距离的方法。

　　在哈勃发现旋涡星云其实是"宇宙岛"的短短几年后（如果这个发现还没有震撼到你的话），他还发现所有星系正在远离彼此，而且距离我们较远的星系退行得比较近的星系更快。这意味着过去的宇宙比今天更小，从而暗示了宇宙有一个开始。这种空间的扩张也会自然地使遥远天体发出的光线的波长（相邻两个波峰或波谷之间的距离）在

左页图　根据美国国家航空航天局的斯皮策红外空间望远镜（SST）的观测数据复原的银河系全貌。目前已知银河系有两条主要的旋臂，盾牌－半人马臂和英仙臂，我们的太阳系位于两条主旋臂之间的一个小旋臂（猎户臂）上。

———————

① 在天文学中，重元素指的是除了氢和氦之外的其他元素。

13 772 000 000 年 宇宙的年龄就是这个数字，误差在 5 900 万年之内。

被我们观测到时变得更长，导致它们的光谱特征向光谱的红端移动——也就是现在大家熟知的宇宙学红移。

因此，只要测量一个星系的红移（这是一项相对简单的任务），你就可以得到它与银河系的大致距离。这也是宇宙距离阶梯在标准烛光后的下一个梯级。

从 20 世纪后期开始，随着望远镜观测能力越来越强大，天体物理学家开展了更多的红移巡天观测，为我们提供了宇宙中星系分布的三维地图。其中最详尽的是斯隆数字化巡天（Sloan Digital Sky Survey，SDSS），它记录了数百万个星系的位置信息。

以目前我们掌握的数据来估测可观测宇宙中的星系数量，最可能的结果是 1 000 亿个，但也可能是这个数字的 2 ~ 3 倍。换句话说，宇宙中的星系与银河系中的恒星一样多。如果这些星系中的每一个都拥有与银河系相同数量的恒星，那么在可观测宇宙中便存在着超过 10 000 000 000 000 000 000 000（100 万亿亿）颗恒星。

小结

自从牛顿和亚里士多德走进那家酒吧以来，我们已经走过了很长一段路。我们对我们生活的地球、我们自己和我们未来的看法发生了令人震惊的变化，其中大部分变化与我们对宇宙认知的演变以及由此带来的人类在宇宙中越来越微不足道的地位有关：我们的自尊心受到了一个接一个的打击。

人类发现自身并不像想象中那样是上帝独一无二的创造，当谈论这个话题时，人们经常提到查尔斯·达尔文（Charles Darwin），他告诉我们，人类与地球上的其他生物并没有什么不同。此外还有西格蒙德·弗洛伊德（Sigmund Freud），他告诉我们人类的心理过程并非我们喜欢相信的那样理性与合乎逻辑。

在我们对自我进行科学拆解的过程中，也存在着一个亮点。如果地球并没有什么特别之处，如果我们真的只是自然共同体的一部分，那么我们从自己生活的星球上发现的自然规律也并没有什么特别的。这些自然规律很可能适用于全宇宙，这使我们能够超越空间甚至跨越时间，利用它们来探索和解码已知的整个宇宙。我们不得不承认这一点，即对我们的自我优越感有害的东西恰恰是对科学研究有益的，或者说，我们失去了自我优越感，却得到了整个宇宙。

上图　这是哈勃空间望远镜拍摄的极深场图像，其中包含近 1 万个星系。图像由 2003 年 9 月至 2004 年 1 月的共计 800 次曝光合成。这是当时人类得到的宇宙最深处的图像，其中最古老的星系已经有大约 130 亿年的历史了。

第二章 我们是如何研究宇宙的？

城市灯光与星光的延时摄影图像，摄于智利拉西亚天文台。

2

你是否曾经远离耀眼的城市灯光并在晴朗的夜晚抬头仰望夜空？你是否曾对璀璨的星空心生敬畏？

在很久以前，人们每天晚上都能看到灿烂的星空，即便在繁华的城市也是如此。对于我们的祖先来说，每一个夜晚都能获得现代人远离城市灯光的那种体验。星空中恒星和行星运行的壮观景象只是他们生活的一部分。出于这个原因，天文学家即使不是世界上第二古老的职业，天文学也很可能是人类的第一门科学。

但随着 19 世纪城市照明的发展，这一切都发生了变化，繁星点点的夜空慢慢地从我们的视野中消失，取而代之的是日益明亮的城市天空，只剩下月球、部分行星和最亮的一些恒星点缀其间。

被称为考古天文学（archaeoastronomy）的学科为天文学的古老提供了最好的证据。这门学科只有短短几十年的历史，通过考古学手段和天文学方法研究古代文明的遗址、遗物，以确定古代文明对天文学的了解以及这些知识在古人生活中所扮演的角色。

左页图　公元前 2 世纪，古希腊天文学家依巴谷在进行星表编撰工作。

　　此类研究最著名的例子是英国索尔兹伯里平原上由巍然屹立的巨石排列而成的环形石阵，其也被称为圆形石林、索尔兹伯里石环，我们常直接称其为巨石阵。

　　这里必须明确指出，巨石阵既不是古代凯尔特人的祭司德鲁伊（Druids）或者凯撒大帝（Julius Caesar）建造的，也不是英国神话传说中的传奇魔法师梅林（Merlin）把这些巨石从爱尔兰传送过来建造的，更不是外星人乘坐飞碟来到地球建造的。我们现在知道它是由不同的民族建造的，其建造年代尚有争议，碳定年法的结论是其建于公元前4000—前2000年，而且是分几个阶段建造的。建造巨石阵的古代文明

上图　像巨石阵这样的环状列石建筑，极有可能是用来追踪太阳和季节变化的，它反映了史前人类的宇宙意识。

Neil deGrasse Tyson
@neiltyson

不能因为我们不知道古人是如何建造出那些伟大建筑的，就一口咬定他们得到了外星人的帮助。

🗨 1.4K　　⟳ 12.9K　　♡ 17.4K　　　　2014年12月5日，09:27

并没有形成书面语言或拥有相对高级的器械如轮轴等，但在 1 000 多年的时间里，他们建成了至今仍屹立不倒的纪念碑。

　　出生于英国的美国考古天文学家杰拉尔德·霍金斯（Gerald Hawkins）是第一个提出巨石阵的布局可能具有宇宙学意义的人。他在巨石阵附近长大，那时还没有隔离物将巨石阵保护起来。他在巨石之间玩耍时，注意到这些巨石的摆放并不是随机的，而是形成了非常清晰的视线——就像那些古代的建造者想要强迫游客"往特定方向看"一样。20 世纪 70 年代，霍金斯在麻省理工学院利用当时先进的计算机研究发现，巨石阵中巨石摆放形成的许多视线都指向重要的天象，其中最著名的标志性视线指向夏至日的日出位置。因此可以得出结论，至少巨石阵的一个功能是确定季节，这在农业社会是非常重要的。

　　自从这一发现以来，对世界各地古代建筑的研究都得到了类似的结果。也许最引人注目的是在北美洲西部发现的石药轮，建造它们的不是农民而是游牧民族。这些遗迹表明，无论我们的祖先住在哪里、以何种方式谋生，星空都为他们的生产和生活提供了至关重要的信息。

裸眼天文学

　　天文学是在没有望远镜的情况下发展起来，这个简单而明显的事实具有深刻的含义。古代天文学家便知道地球是一个球体。事实上，

石头日历

在北美大陆上点缀着数百个古老的石药轮，它们由美洲的原住游牧民族建造，包括苏人、夏延人、克劳人、黑脚人、阿拉帕霍人、克里人、肖肖尼人、科曼切人和波尼人。这些石药轮中最著名的要数怀俄明州的毕葛红医药轮（Big Horn Medicine Wheel），其半径与灰狗巴士①的长度相当，有 28 根辐条连接到中央的锥形石堆。这些石药轮的用途可能是预测不同季节太阳和夜空中亮星的位置。

即使缺乏望远镜的帮助，他们也获得了一系列令人叹服的科学成就。正如我们前面提到的，早在公元前 100 年左右，生于尼西亚的依巴谷就测量了很多亮星的位置，并测得了按当时技术手段来说精确到不可思议的地月距离。他还发现了分点岁差，这是因地球自转轴的空间指向和黄道平面的长期变化而引起的春分点移动现象。同时，在没有望远镜的情况下，萨摩斯的阿利斯塔克（Aristarchus）提出了太阳系的日心说模型。还有托勒密在公元 150 年左右提出了一个复杂的太阳系模型，该模型在其后的近 1 400 年中都是天文学界的绝对主流。

仅靠裸眼观测的天文学家使用的基本工具无非是一根窥管，他们用其指向要观测的恒星或行星，然后通过两个角度来确定天体在天空中的位置：位于地平线上方的角度（仰角）和与已经确定的参考方向（例如正北方）之间的夹角。这是天文观测的基础。当以这种方式进行

右页图　美国国家航空航天局的广域红外巡天探测者（Wide-field Infrared Survey Explorer, WISE）拍摄的第谷超新星遗迹（红色）图像，这颗超新星在 1572 年爆发，被第谷·布拉赫（Tycho Brahe）和与他同时代的人观测到。

---

① 在美国非常普遍的一种大型长途汽车，车身印有一只灰狗。

上图 第谷和他残缺的
鼻子。

第谷的鼻子

在一次学生聚会上，大家都喝得酩酊大醉，第谷与另一名学生就谁的数学水平更高产生了争论。最终两人进行了一场决斗，结果是第谷被砍掉了鼻尖。天文学界流传着第谷戴着由金和银制成的假鼻子的说法。在 2010 年，为了调查这位著名天文学家的神秘死亡原因，人们将他的遗体挖掘出来进行了分析研究，科学家发现关于鼻子的真相并非如此。化学分析显示他的鼻骨含有铜和锌的成分，换句话说，他的假鼻子是由黄铜制成的。

测量时，窥管的尺寸很重要——窥管越长，测得的天体位置就越准确。

毫无疑问，裸眼天文学之王是第谷。他出生于一个显赫的丹麦贵族家庭，很早就确立了自己在欧洲天文学界的重要地位。1572 年，年仅 26 岁的第谷研究了天空中出现的"新星"。地球上的观测者可以在天空中从前没有星星的位置看到一颗新的星星，这对当时的人来说是咄咄怪事。因为按照当时人们对《圣经》（*Bible*）的理解，天上的星星应该是固定不变的。新星的英文单词 nova 在拉丁语中是"新"的意思，这个单词便是由第谷发明的。经过仔细观察，第谷发现这颗现在已知是超新星的新星并不是一种大气现象，而是位于比月球更远的位置。

丹麦国王为他的宫廷中有如此著名的科学家而激动不已，因此他不仅为第谷提供了经费，还将整座汶岛都交给第谷用于建立乌兰尼堡天文台——近代首座完全由政府资助、有组织开展大规模可靠观测的天文台。在那里，第谷建造了当时最先进的大型窥管和辅助仪器，并得到了当时最准确的行星运动数据。

第谷与莎士比亚

莎士比亚（Shakespeare）的著名戏剧《哈姆雷特》（*Hamlet*）创作于 1599—1602 年，在其第一幕中就提到了第谷超新星。剧中人物勃那多（Bernardo）是埃尔西诺城堡的守卫，他说道："就在昨晚，北极星西面的那颗星移到了它现在闪耀光辉的地方。"在当时的时代背景下，人们很清楚这句话指的是第谷研究的超新星。

上图　位于仙后座的超新星爆发给莎士比亚留下了非常深刻的印象，因此他将其写进了《哈姆雷特》。

伽利略和望远镜

有时候，一件在当时看来不起眼的小事，会对未来造成非常深远的影响，这使得一些事件的重要性只能在很久以后才能得到客观的评价。在 1610 年的一个晚上，意大利天文学家伽利略第一次将望远镜对准天空，这是人类历史上的一个重要时刻。它永久性地改变了人类看待宇宙的方式。

不过，伽利略并不是望远镜的发明者。事情的真相是，在 17 世纪第一个 10 年，望远镜这种新奇的玩意儿开始在荷兰出现，这个消息很

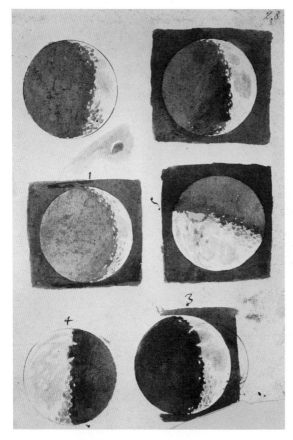

左图 伽利略为他的著作《星际信使》（*Sidereus Nuncius*）绘制的月相图。

右页图 伽利略用自制的望远镜看到了月球的表面特征，然而许多和他同时代的人对他看到的结果持怀疑态度。

快传遍了整个欧洲。在了解这种新设备的设计后，伽利略立即对其进行了改进，使其更适合应用在天文观测领域。今天，一副普通价格的双筒望远镜就能与当时伽利略改造的望远镜的放大率相媲美了。

　　伽利略利用望远镜得到的观测结果很快就使天文学家不得不放弃亚里士多德和托勒密等人的经典太阳系模型。在 17 世纪初，传统宗教和天文学家都认为地球是宇宙的静止中心，在地球之上是纯净、完美和恒久不变的天空。颠覆传统的科学观念可以让你很出名，而推翻传统宗教观念则会让你站在宗教裁判所接受审判——伽利略同时做到了以上两点。

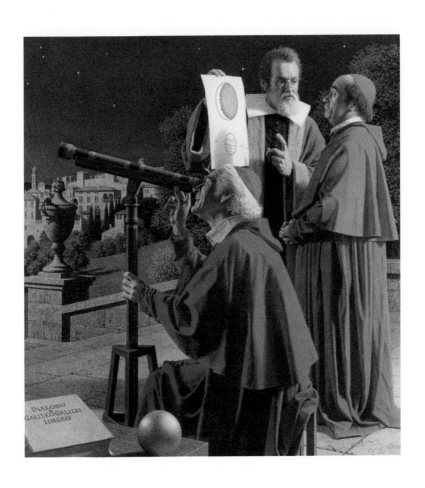

1835 年 天主教会直至 1835 年才将伽利略的著作解禁。

你可以想象伽利略用望远镜看到以下景象时的惊讶程度：

■ **月球表面特征**：当时的普遍观点认为，月球和天空中的所有天体一样，应该是一个非常光滑的球体，伽利略却发现月球表面是凹凸不平的。

■ **太阳黑子**：当时的普遍观点认为，太阳应该像月球一样，是完美的、没有瑕疵的，然而伽利略看到了我们今天所说的太阳黑子群。

■ **金星相位**：当时的普遍观点认为，一切天体都应该围绕地球运行，而伽利略发现金星有周期性的相位变化——从新月形到半圆形，再到凸圆形，然后变为满月形，循环往复。这种现象在托勒密体系中是不会出现的，这意味着金星和地球都围绕太阳运行。

■ **木星的卫星**：当时的普遍观点认为，地球是宇宙的中心、人类的家园和创造的王冠，伽利略却发现有 4 个天体似乎非常乐意围绕木星运行。

卫星命名

在《星际信使》一书中，为了感谢佛罗伦萨的美第奇（Medici）家族对自己的帮助，伽利略将木星的 4 颗最大、最亮的卫星命名为美第奇卫星，他也因此获得了巨额现金奖励（在伽利略遭到教廷迫害时，美第奇家族为他提供了很多关照）。这 4 颗美第奇卫星——木卫一、木卫二、木卫三和木卫四现在被称为伽利略卫星。

1992 年

直到 1992 年，教皇约翰·保罗二世（Pope John Paul II）和梵蒂冈教皇科学院才承认伽利略是正确的。

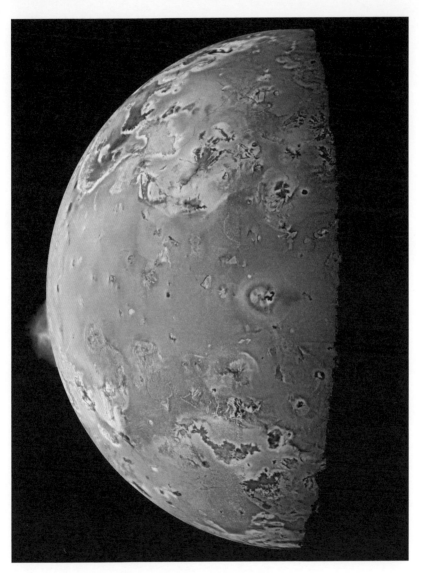

上图　伽利略通过他的望远镜观察了木星的部分卫星，今天，多亏了美国国家航空航天局的伽利略号木星探测器，我们才能更详细地看到它们的特征，正如这张木卫一的合成图像所示。

审判伽利略

伽利略与传统宗教的冲突历史漫长而复杂。他曾收到警告，让其不要在著作中为哥白尼的日心说辩护。而事实上，在他所著的《关于托勒密和哥白尼两大世界体系的对话》（*Dialogo sopra i due massimi sistemi del mondo, tolemaico e copernicano*）中，他把教皇偏爱的观点放在一个名叫辛普利西奥（Simplicio，意为"傻瓜"）的人物嘴里，这使他在因涉嫌发表异端邪说而受审时的处境雪上加霜。坊间有个著名的传说，伽利略在被迫承认从未相信自己所写和所说的内容后，低声嘀咕了一句"但是它（地球）仍然在运动"。

总之，这些观察结果有力地反对了宇宙模型的经典图景——地心说，支持了 60 多年前发表的由哥白尼提出的日心说。伽利略在一本名为《星际信使》的小册子中讲述了他的发现。他写得很好，更重要的是，他后来的著作都是用意大利语而不是拉丁语写的。这意味着了解他的学说不再是学者的专利，意大利语地区受过教育的人都有机会一窥宇宙奥秘。伽利略的革命性思想为他的敌人提供了毁谤他的借口，他最终因涉嫌发表异端邪说遭到了审判——直到他宣布自己的研究成果是错误的，才被判无罪。

电磁波谱

到目前为止，我们讨论的仅限于从可见光中获取天体信息。这也确实是人类在过去很多个世纪中获取天体信息的方式，原因如下。

首先，我们是灵长类动物，就像我们的灵长类近亲一样，我们主要通过视觉来感知世界。很多时候当我们说"我看到了"（I see）时，我们的意思其实是"我明白了"(I understand),由此可以看出视觉这种感知方式对我们来说是何等重要。很自然地,我们首先用双眼来探索宇宙。

其次,地球大气对可见光是透明的。如果你曾经在夜间从飞机上看到遥远城市的灯光,你就知道光可以畅通无阻地穿过数千米厚的大气底部。而大气顶部对可见光透明的最好证据是,你可以在白天看到太阳、月球和星星。

最后,地球的主要光源太阳的表面温度约为 5 500 摄氏度,其输出能量的峰值位于可见光波段。作为昼行性动物,我们也很自然地偏爱眼睛这个感觉器官——因为眼睛对可见光这种特殊形式的能量非常敏感。

相比之下,想象一下从金星表面看到的景象,整个星球全天候笼罩在厚厚的云层中,云层阻挡了大部分阳光,导致其表面非常昏暗。

上图 许多昆虫都能看到紫外线,而有些昆虫可以看到红外线,它们眼中看到的花朵是图中的样子。

Neil deGrasse Tyson
@neiltyson

随着哈勃空间望远镜和各种探测器的发射，人类进入了空间天文时代，天上的点点繁星变成了大千世界，甚至可能变成人类未来的后院。

💬 🔁 170 ♡ 36 2011年2月20日，07:56

事实上，如果人到了金星，会因为高温而直接被蒸发掉，高温源自金星上失控的温室效应。即便人类能进化到适应金星上的极端温度，他们也会对星空一无所知，天文学的发展会至少推迟数千年，科学可能根本就无法发展起来。

光是一种电磁波或者说电磁辐射。彩虹中不同颜色的光对应着不同波长。例如，红光的波长大约为 8 000 倍氢原子直径，紫光的波长大约是它的一半[①]。当苏格兰物理学家詹姆斯·克拉克·麦克斯韦（James Clerk Maxwell）在 19 世纪后期归纳总结电学和磁学的定律时，他的方程不仅预测了电磁波的存在，而且还预测电磁波在所有波长都存在——比可见光的波长更长和更短的电磁波都存在，电磁波谱的范围远远超出可见光谱。那么，为什么人类只能看到"可见"光呢？我们只能感知无限的电磁波谱中很小的部分，这就像你跑去听交响音乐会，却只听到了短笛声。

在麦克斯韦做出预测后不久，德国物理学家海因里希·赫兹（Heinrich Hertz）就发现了波长从几分米到几千米的电磁波。现在我们知道它们是无线电波。这是人类第一次发现超出自己感知范围的电磁

---

① 电磁波谱中可见光的波长范围为 380 ~ 760 纳米，其中红光和紫光的波长范围分别为 620 ~ 760 纳米和 380 ~ 430 纳米，不同书中定义的范围会有一些小的差异。

波。事实上，麦克斯韦预测在所有波长上都有相应的电磁波存在是非常正确的。

无线电波和可见光很容易通过地球大气，但 X 射线等其他形式的电磁波在经过距离以光年计的太空之旅后，在其旅程的最后几千米被地球大气吸收了。宇宙一直在向我们发送覆盖电磁波谱全波段的信息，而我们对此却一无所知。

射电宇宙

无线电波在我们的日常生活中有着广泛的应用，例如在拨打和接听移动电话也就是手机时，信号的传输便依赖微波，一种波长较短的无线电波。无线电信号从信号塔传播到你的手机上，然后手机将这些信号转换为你听到的声音。

不幸的是，人体没有配备"无线电眼球"，因此不可以像我们看到可见光那样看到这些无线电信号。直到麦克斯韦和赫兹发现这种形式的电磁波时，人们才知道其存在，而在无线电波段观测与研究天体和其他宇宙物质的天文学分支——射电天文学也得以拉开序幕。可以将大气视为一面有两个窗口的墙：一个窗口只允许可见光通过，另一个窗口只允许无线电波通过，而其他波段的电磁波则被阻挡在外。

我们可以通过无线电窗口来了解很多宇宙信息。第一台射电望远镜由美国工程师卡尔·央斯基（Karl Jansky）于 1932 年在美国新泽西州的贝尔实验室建成。央斯基的任务是寻找可能会干扰地球上无线电通信的来自天空的无线电信号，但结果却发现了来自银河系中心的无线电信号。1937 年，美国无线电工程师格罗特·雷伯（Grote Reber）被央斯基的发现所吸引，在他位于伊利诺伊州惠顿的家的后院，自行建造了一台射电望远镜，专门用于研究这些来自银河系的无线电信号。

上图　央斯基的天线安装在福特 T 型车的轮胎上，可以旋转——有人称其为"央斯基的旋转木马"。利用这台设备，央斯基成为第一个探测到宇宙无线电波的人。

他的研究是射电天文学诞生的标志。

　　无线电波是电磁波谱中能量最低的波段，因为要收集足量的信号，所以射电望远镜通常体积巨大。它们中有些是大型的可动碟形天线，但最大的一些射电望远镜是固定式的，并且建在地面的凹陷地貌中，它们随着地球的自转观测目标。此类固定式射电望远镜中最大的一座是位于中国的 500 米口径球面射电望远镜（FAST），它于 2016 年建成，其反射面相当于 30 个足球场。

　　几十年来，射电望远镜使天体物理学家能够探测宇宙中那些主要发射无线电波的天体。如果没有射电望远镜，我们将永远无法发现这些天体——这一点怎么强调都不为过。例如，射电望远镜发现了快速

外星人与无线电波

大多数对来自外星人的信号的搜索都是用射电望远镜进行的。为什么外星人会使用无线电波而不是电磁波谱上的其他波进行通信呢?无线电频段是最节能的频段,产生信号需要的能量最少。位于电磁波谱另一端的 γ 射线能量最高,产生信号消耗的能量也最多。此外,在某个特定的无线电频率上(21 厘米谱线),来自其他天体的信号干扰非常小。无线电波可以轻松穿过星系中气体和尘埃的遮挡,就好像这些障碍物根本不存在一样。因此,如果外星人真的想向宇宙发送信号,并且他们中有像我们一样了解宇宙的天体物理学家,那么无线电波是他们的最佳选择。

旋转的脉冲星——超新星爆发后留下的致密天体。脉冲星上的某个区域发出射电信号,而因为其自旋,射电信号就像灯塔的光束扫过地平线一样。当这些信号被望远镜探测到时,呈现为周期性脉冲,脉冲星也因此得名。最初科学家一度怀疑这种周期性信号是外星人发出以供我们解码信息的。

每当我们打开新的观测窗口,那些意想不到的现象都会提醒我们,我们对宇宙中未知的事物有多无知。

从天文学到天体物理学

科学和人一样,在走向成熟的过程中会经历不同阶段。不同阶段的科学认知以及研究科学所用的方法和技术都会发生变化。例如,直到 19 世纪,生物学家主要关注的还是对地球上的物种进行编目,而在今天,他们关心的则是主导生命的分子和物理过程。换句话说,生物学研究已经将化学和物理学融入其中。

　　同样，直到 19 世纪中叶，古典天文学都非常关注天体的亮度、颜色和位置，以至于法国哲学家奥古斯特·孔德（Auguste Comte）曾断言，天文学仅限于获取上述这些基础参数而已，永远也无法突破这个限制。他在 19 世纪 30 年代出版的《实证哲学教程》（*Cours de Philosophie Positive*）中写道："对于恒星来说，我们只能通过光学观测来研究它们，除此以外我们无法使用任何其他研究手段，这意味着我们永远不可能研究它们的化学成分或物质结构。"

　　这无疑是学识渊博之士做过的最愚蠢的陈述之一。仅仅在几十年后，科学家对孔德所宣称的不可知恒星的研究，在各个方面都取得了

上图　中国的 500 米口径球面射电望远镜，又称"中国天眼"。

Neil deGrasse Tyson
@neiltyson

拥有世界上最大望远镜之殊荣的国家不再是美国，而是中国了。它位于中国贵州省。从现在开始，如果外星人跟我们打招呼，那么最先听到的人将是中国的天体物理学家。

♡ 1.6K   ↰ 6.1K   ♡ 27.6K   2018年8月3日，15:42

重要突破，如化学成分、密度、温度。这些突破来自化学和物理学中一门新分支学科——光谱学的兴起。它的应用让天文学家如鱼得水，也预示着现代天体物理学的诞生。

德国海德堡大学的两位科学家开创了这一新领域——在阿道夫·希特勒（Adolf Hitler）上台之前，该大学一直是世界上最负盛名的学术中心之一。两位科学家中的第一位是化学家罗伯特·本生（Robert Bunsen），你可能还记得在高中化学实验室里使用的本生灯，这种加热设备正是他发明并以他的名字命名的。他对铸铁生产过程中排放气体的研究使德国在重金属工业领域占据领先地位。第二位是物理学家古斯塔夫·基尔霍夫（Gustav Kirchhoff），直到现在全世界的大学生都还在学习他的电学定律。

本生研究了各种元素受热时所发出的光，基尔霍夫建议他使用棱镜来研究。棱镜能将白光或任何其他光分解成组分色（component color），并使组分色以不同角度出射以形成光谱。这与你在阳光下看到雨滴中的彩虹是同一个原理。

这两位科学家发现，单质（由同种元素的原子组成的纯净物）在受热发光时所形成的光谱会呈现出独有的特征，这些特征表现为一系列的谱线——每种元素的谱线都不一样。这样一来，每种元素的光谱就像它的指纹一样，可用于检测受热发光的物质中是否含有该种元素。

第一台光谱仪

本生和基尔霍夫利用两台老式勘测望远镜、一个棱镜和一个雪茄盒（信不信由你）制造了世界上第一台光谱仪——一种测量光谱的仪器。

那么，这与天体物理学以及理解现在的天文研究技术有何关系呢？对光谱研究来说，光源有多远并不重要，因为元素的光谱特征不会变化。无论光源是在实验台的另一端，还是远在数十亿光年之外的星系中，一旦光发出来，它就会带着可以借以识别光源性质的独特指纹，也就是光谱特征。这一事实使天体物理学家能够识别恒星和系外行星的化学成分，也使我们能够更少地关注"它在哪里"，而更多地关注"它是什么"。

来自大气之上的信息

前面我们已经谈到，大气对无线电波和可见光是透明的，但可见光的窗口并不完美。当光线穿过大气时，空气的湍流运动会使望远镜在地面上接收到的图像变得模糊，顺便说一句，也会使星星看起来在闪烁。所以，"祝你有一个星光闪烁的夜晚"对天体物理学家来说可不是一句好的祝福语。

那么如何摆脱大气的限制呢？一个显而易见的解决方案就是将望远镜置于大气之上的太空，而不是放在大气下方的地面上。另一种方法是将探测器发射到辐射源附近来观测，获得最为详尽的数据，当然这种方法仅适用于探测器可以到达其附近的天体——目前仅适用于太阳系内的观测目标。而对太阳系以外的天体，我们仍须努力。

环地轨道

在用探测器观测太阳系内的目标时，所有目的地中最容易到达的

150 万千米　从地球到日地拉格朗日点 L_1 和 L_2 的距离。

无疑是环绕地球的轨道了。因为将探测器送入环地轨道所需的能量显然比到其他地方少。此外，如果轨道高度在我们的载人航天器可到达的范围内，那么航天员可以对探测器进行安装、维修和升级，使其能够长时间运行（哈勃空间望远镜就是一个典型的例子）。此外，环地轨道也用于全球定位系统（GPS）的卫星以及对地球系统状态（包括海平面和温度）进行观测的卫星等。

拉格朗日点

拉格朗日点以法国数学家约瑟夫－路易斯·拉格朗日（Joseph–Louis Lagrange）的名字命名。在两个大天体（例如地球和太阳，地球和月球）之间的拉格朗日点上，一个物体（质量相对两个大天体可以忽略）在两个大天体的引力以及轨道离心力的共同作用下处于平衡状态，相对于两个大天体保持静止。

牛顿第一定律告诉我们，任何被送入太空的物体要么继续沿原来的方向运动，要么受到另一个物体引力的影响而改变运动方向。在拉格朗日点，物体受力平衡，这些点是探测器名副其实的"太空车位"。

任何二体系统都有 5 个拉格朗日点（$L_1 \sim L_5$）。以地球和太阳的二体系统为例：日地拉格朗日点 L_1 位于地球和太阳之间靠近地球的位置，美国国家航空航天局和欧洲空间局（ESA）的太阳望远镜在这个位置不断地为我们拍摄太阳的图像；日地拉格朗日点 L_2 则位于日地连线上的地球外侧，这里有利于观察深空，也是詹姆斯·韦布空间望远镜（JWST）的"太空车位"。

飞掠式探测器

我们设计了许多从地球上观测天体的方法，但其中的最佳方法依然是访问它们。在过去的几十年里，人类发射了一批探测器来探索太阳系中我们知之甚少的那些区域。到目前为止，人类发射的探测器已经飞掠过太阳系中的所有行星，绕其中一些行星运行过，还针对太阳系中的一些小行星和彗星进行了观测。下面我们对人类发射探测器的重要里程碑进行一些回顾：

- 1977 年发射的两架旅行者号（Voyager）探测器是最早飞出太阳系的人造物体，旅行者 1 号和旅行者 2 号分别于 2012 年和 2018 年离开了太阳系（飞离了太阳风层）。
- 伽利略号木星探测器于 1989 年发射，在 1995—2003 年绕木星运行时发现了木卫二上有地下海洋，此后坠入木星大气。
- 2006 年发射的新视野号探测器于 2015 年飞掠冥王星，并于 2019 年飞掠了柯伊伯带（太阳系中海王星轨道之外的一个环带）中一个雪人形状的天体阿洛克斯（Arrokoth），然后继续其离开太阳系的旅程。
- 卡西尼号土星探测器于 1997 年发射升空，2004 年抵达土星轨道。它在那里停留了 13 年，拍摄了很多令人惊叹的土星照片，它的观测数据也让我们对土星、土星环和土星的卫星有了前所未有的了解。卡西尼号进一步揭示了土卫二上的冰雪世界，它与木卫二类似，都存在地下海洋，很可能有生命在其中繁衍生息。2017 年，太平洋时间 9 月 15 日凌晨，与伽利略号木星探测器类似，卡西尼号进行了最后的死亡俯冲，坠入土星大气，结束了它的探测任务。

打开宇宙的新窗口

电磁波并不是人类了解宇宙的唯一信息来源,其他种类的波和各种各样的粒子流也能到达地球。每当我们学习如何探测和理解这些天外访客时,我们都会打开一个了解宇宙的新窗口。最近打开的两个新窗口是中微子和引力波,还有更多的窗口等待我们用更高明的技术来打开,暗能量和暗物质也包括在内。

中微子

中微子(这个名字的意思是"极小的中性粒子")不带电荷,质量小到几乎可以忽略。它是基本粒子的一种,在核反应中大量生成,与

其他物质之间几乎不存在任何相互作用。就在你阅读这几行文字的时候，每秒钟在你身体每平方厘米的面积上，都有 1 000 亿个中微子穿过，但在你的一生中，可能只有极少数几个中微子会与你身体中的一个原子相撞。

探测中微子的唯一方法就是给它们创造一个存在大量能与之相互作用的原子的环境，这就是位于南极的冰立方（IceCube，全称为冰立方中微子天文台）的原理。先用高压热水在冰层中融化出管道，然后迅速在管道内安置带有探测器的电缆，等水重新冻结后，探测器便被固定住。当中微子撞击冰中的原子时，这些探测器会看到特殊的闪光。通过这种巧妙的技术，冰立方将整整 1 立方千米的南极冰块转化为一个专用的中微子探测器。

更为神奇的是，研究数据显示，在位于南极的冰立方探测到的中微子中，有一些竟然是从北极进入地球的，这些中微子一路穿透地球，在此过程中并未与任何一个原子发生相互作用。

引力波

根据广义相对论的预言，如果大质量物体被加速，它们会在时空连续体中发射涟漪。你可以把引力波想象成平镜一样的池塘上突然出现的向外扩散的水波。引力波非常微弱，但它们会对遇到的物体产生独特的影响。用带点滑稽的夸张说法，一个篮球在遇到引力波后，会被挤压成足球的样子，等引力波经过后又变回篮球。但实际上，引力波带来的扭曲非常小——比原子核的直径还要小得多。

下面我们进入激光干涉引力波天文台（LIGO）来一探究竟，这个研究设施配备了两条组成 L 形的臂，每条臂长 4 千米。激光从每条臂中射到臂两端的镜子上，镜子再将其反射回来。如果有引力波经过，激光传播的路径长度就会发生短暂且微小的变化，从而产生干涉条纹

上图　图中是激光干涉引力波天文台在路易斯安那州的探测器，还有另外一个孪生探测器位于华盛顿州，它们主要负责收集、比较并确认引力波信号。

下图　图中描绘了两颗中子星碰撞的画面，此类宇宙事件在时空结构中产生的扰动可以利用激光干涉引力波天文台来检测。

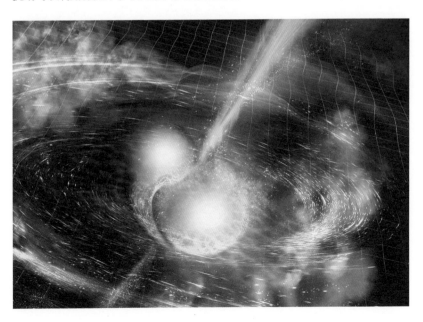

谨慎的设计

激光干涉引力波天文台包括两个探测器——一个位于路易斯安那州的利文斯顿，一个位于华盛顿州的汉福德，两者相距约 3 000 千米。这个由两个探测器组成的系统旨在避免因其中一个位置发生意外事件（或人为的恶作剧）而导致信号被误判为引力波。

的变化。

2015 年 9 月 14 日，激光干涉引力波天文台捕捉到了人类历史上第一个引力波信号，这已经是在阿尔伯特·爱因斯坦（Albert Einstein）做出引力波预言 1 个世纪以后了。这个信号是由两个质量分别为太阳质量 36 倍和 29 倍的黑洞碰撞产生的，在很久以前从一个距地球约 15 亿光年的遥远星系中发出。自此以后，其他国家也开始纷纷建造引力波探测器，它们最终发展成一个全球性的引力波探测网。

现代天文台

如今有数以百计的地基天文台散布在世界各地，还有数十个位于太空的空间天文台，在人类了解宇宙的过程中，每个天文台都是一个窗口，扮演了各自不可或缺的角色。下面是对其中几个重要的宇宙窗口的介绍。

地基天文台

地基天文台的主要问题是其观测受到地球大气的影响，因此它们提供的宇宙视野并不完美，甚至有些模糊。大气中的湍流以及水蒸气等干扰性气体的存在会使图像失真。为了尽量避免这个问题，世界上主要的地基天文台站址通常位于高海拔地区，那里空气稀薄、干净且受天气条件影响较小。

▨ 莫纳克亚天文台（MKO）

莫纳克亚天文台位于夏威夷岛休眠火山莫纳克亚山的峰顶，海拔超过 4 200 米。那里大气条件稳定，闪烁很少，从该站点可以看到整个北天区和大部分南天区。莫纳克亚天文台拥有 10 多个不同的望远镜，安装在望远镜上的各种探测器监测着来自宇宙的各类电磁波，从红外线到可见光再到微波。

▨ 阿塔卡马大型毫米 / 亚毫米波阵（ALMA）

除了南极洲的部分地区，智利的阿塔卡马沙漠是地球上最干燥的地方，这里的有些地区竟然从未有过降雨记录。再加上其高海拔，它理所当然地成为整个南半球最适合安装望远镜的站址之一。其中一个重要的望远镜是阿塔卡马大型毫米 / 亚毫米波阵，这是一个大型射电望远镜阵列，由于海拔较高，它可以在微波信号被低层大气中的水蒸

上图　智利的阿塔卡马大型毫米 / 亚毫米波阵位于海拔超过 5 000 米的沙漠中，由 66 个高精度天线组成。

气吸收之前就捕获它们。

空间天文台

哈勃空间望远镜于 1990 年发射升空，至今仍是空间天文台皇冠上的明珠。事实上，从研究成果、论文产出和国际合作者的绝对数量来说，哈勃空间望远镜可能是有史以来最高产的科学仪器。不幸的是，它正在接近生命的终点，美国国家航空航天局已经没有对其进一步维护的计划了。

哈勃空间望远镜是美国国家航空航天局大型轨道天文台计划的 4 台大型设备之一，其他 3 台是康普顿 γ 射线天文台（CGRO）、钱德拉 X 射线天文台（CXO）和斯皮策红外空间望远镜。这 3 个天文台同样以大科学家的名字命名，他们分别是亚瑟·康普顿（Arthur Compton）、苏布拉马尼扬·钱德拉塞卡（Subrahmanyan Chandrasekhar）和莱曼·斯皮策（Lyman Spitzer）。空间天文台连同地基天文台一起，为天体物理学家提供了来自电磁波谱各个波段的观测数据。

此外，还有各种各样的探测器在深空中运行。目前美国国家航空航天局有 40 多个空间任务在进行中，其他国家也纷纷采取行动。例如，中国发射的嫦娥四号探测器首次实现在月球背面软着陆，欧洲空间局发射了系外行星特性探测卫星（CHEOPS）。

未来的重要望远镜

科学研究中经常发生的一幕是，同时有数十个研究计划被提出，每个提案都包含旨在解决重要问题的创新性想法。但不幸的是，由于经费有限，它们不可能全都获得资助。这里有一些已经经过同行评审、得到经费资助并进行了初步开发的项目，它们很快就会投入使用，但另一些项目还有很长的路要走。

詹姆斯·韦布空间望远镜[1]

作为哈勃空间望远镜的继任者,詹姆斯·韦布空间望远镜 6.5 米口径的主镜明显大于前者,它由 18 个锁定在一起的镀金的六边形铍镜片构成。它可以探测从可见光到中红外波段的电磁波,其探测能力是普通星载望远镜无法比拟的。它的主要科学目标之一是探测高红移天体——它们是宇宙中最古老的天体,其中包含宇宙诞生初期形成的星系。它们发出的光从光谱的蓝端开始,但在宇宙膨胀的过程中发生红移,到达我们这里时变成了红外线。由于体型巨大,詹姆斯·韦布空间望远镜以折叠状态发射,然后停留在日地拉格朗日点 L_2 上。它配有 5 层可展开的遮阳板来遮挡太阳光,打开遮阳板后,镜片在其阴影中展开。因为 L_2 点距离地球太远,所以航天员不可能像对哈勃空间望远

上图 詹姆斯·韦布空间望远镜的巨型主镜的口径是哈勃空间望远镜的 2.7 倍有余,由 18 个六边形单元组成,一旦该望远镜到达日地之间的拉格朗日点,镜片就会展开。

---

[1] 詹姆斯·韦布空间望远镜已于 2021 年底发射升空。

镜那样对其进行维修和升级。这意味着詹姆斯·韦布空间望远镜从发射到部署运行的过程中不能出现半点差错，必须一次成功。

特大望远镜（ELT）

欧洲南方天文台的特大望远镜（这个名字可以说非常贴切）正在智利的阿塔卡马沙漠中如火如荼地建造。它的主镜口径达到了惊人的40米，相比之下，20世纪建造的最大光学望远镜的口径只有其四分之一。除了尺寸巨大，特大望远镜还将使用一种被称为自适应光学的技术，生成比哈勃空间望远镜分辨率高10倍以上的清晰图像。为实现这一点，镜子的各个部分都被设计为可以实时变形的形式，以补偿大气扰动带来的畸变。这将使特大望远镜能够探测系外行星并获得其图像——也许还能在原行星盘中发现水和有机化合物，这些原行星盘终有一天会演变为行星系统。

空间激光干涉仪（LISA）

该系统是新一代引力波探测器的代表，由欧洲空间局出资建设。空间激光干涉仪由3颗卫星组成，3颗卫星分别位于等边三角形的3个顶点上，等边三角形的边长是地月距离的6倍以上。这个等边三角形将围绕太阳运行，但会位于地球之后大约5 000万千米。与它位于地球上的前辈——激光干涉引力波天文台一样，空间激光干涉仪旨在检测与引力波相关的时空涟漪，当然它的灵敏度要更高。空间激光干涉仪是通过探测位于3颗卫星中的测试质量块的相对位置来探测引力波的。它开启了人类探测引力波的新窗口。

右页图　将于2025年正式启用的特大望远镜（此处为艺术家绘制的概念图）与很多其他天文台一样，位于智利干燥的阿塔卡马沙漠中，那里的水蒸气和大气湍流都极少，观测条件极佳。

宇宙是如何
演化成今天这样的？

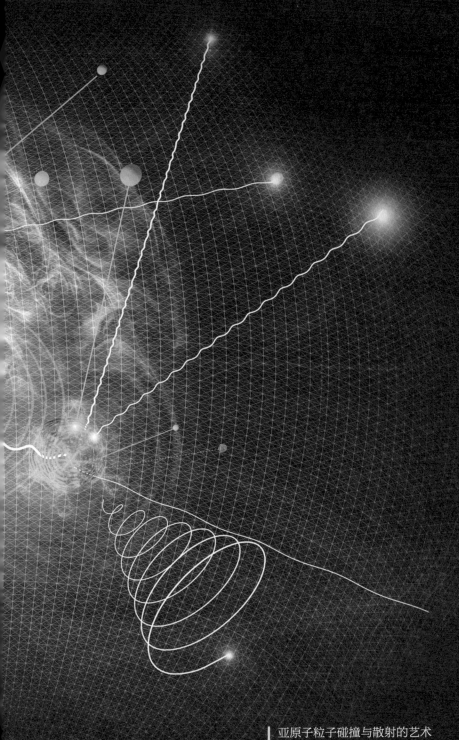

亚原子粒子碰撞与散射的艺术
想象图。

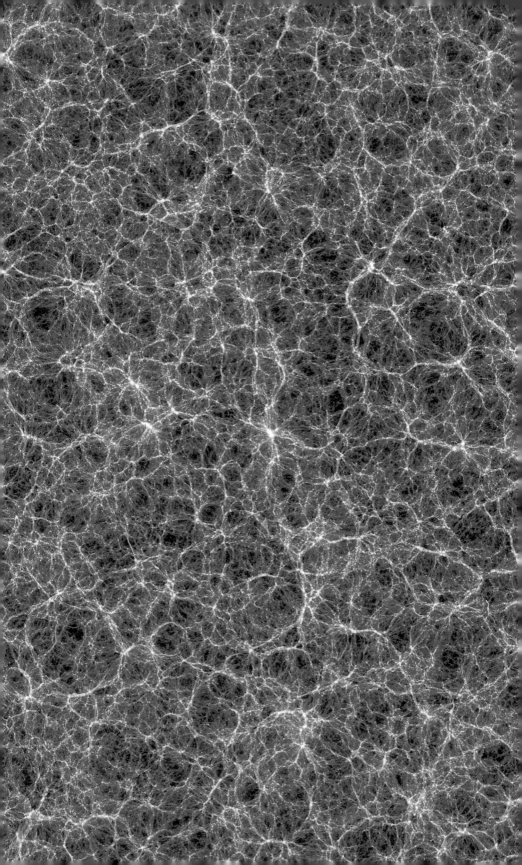

3

　　哈勃不仅证实了河外星系的存在，还发现了宇宙最显著的特征——它正在膨胀。在距离遥远的星系中，原子和分子所发出光的波长要比实验室里相同的原子和分子所发出光的波长更长，因为在肉眼可以感知的可见光中，红光的波长最长，所以这种现象也被称为红移。哈勃使用勒维特的标准烛光法测出了附近星系的距离，然后把测量结果与遥远星系显著的红移特征相结合，登上了宇宙距离阶梯的下一个梯级。这是一个至关重要的发现，将会继续为人类研究宇宙如何演化成今天的样子提供帮助。

　　这里有一个深刻的物理学事实。当物体出现红移时，表明它正在远离我们，而红移越大，代表它远离的速度越快。哈勃在测量了一批星系的距离和红移后，一个令人震惊的事实浮出水面：星系离我们越远，远离的速度越快。这就是哈勃定律，用公式可以表示为：

$$v = Hd$$

左页图　德国的一台超级计算机花费了 1 个月的时间，通过数值模拟的方法得到了宇宙中暗物质的三维分布图，这幅图像是其中之一。

其中 v 是星系的视向速度，d 是星系距离，H 是哈勃常数。换句话说，宇宙正在膨胀。

星系相互远离的画面并不像烟花爆发的情景，而是像镶嵌在面包上的葡萄干随着面包膨胀而相互散开。想象一下，你生活在其中一颗葡萄干上，随着面包的膨胀，你会看到其他葡萄干都在远离你。其他的葡萄干离你越远，远离速度越快，原因是距离越远，两颗葡萄干之间的生面团越多。葡萄干并没有穿越面团，而是被面团本身的膨胀带着运动。

从上面的生面团宇宙模型中可以得到一个必然的结果：无论你选择生活在哪一颗葡萄干上，你所看到的其他葡萄干的景象都是一样的。你会以为你所选的那颗葡萄干是静止不动的，所有其他的葡萄干都向远离你的方向运动。每一颗葡萄干都认为自己是这个膨胀的生面团宇

多普勒效应

19 世纪，奥地利物理学家克里斯蒂安·多普勒（Christian Doppler）通过研究火车驶过时汽笛声调变化的现象发现了这种效应，该效应最终以他的名字命名。如果发出声波或光波的波源在运动，不同位置的观测者接收到的波会有差异，这取决于波源是在靠近他们还是在远离他们。对于声波而言：如果波源是朝向观测者而来，观测者接收到的波长会比波源静止时更短，他会听到更高声调的声音；如果波源是远离观测者而去，波长会变长，观测者会听到更低沉的声音。对于光波而言，正在远离的波源生成波长更长（更红）的光波。

只要细心观察，你就会发现自己日常经历的多普勒效应可能比你想象的要多。例如，下次当高速行驶的救护车接近和远离你时，你就能发现救护车警笛的声调会发生变化，接近时声调变高，远离时声调变低。

宙的中心。中世纪哲学家库萨的尼古拉（Nicholas of Cusa）有一句颇有先见之明的话："到处都是宇宙的中心，哪里都不是宇宙的边缘。"

通过宇宙大爆炸模型可知，正在膨胀与冷却的宇宙诞生于过去一个确切的时间点，在那个时刻，所有的物质和能量都聚集在一起。宇宙大爆炸模型包含了宇宙如何演化成今天这样的核心思想。通过对宇宙膨胀的分析研究，科学家得以精确地估算出宇宙的年龄。

宇宙大爆炸

通常当物质被压缩后，它们的温度会上升。如果你曾经用打气筒为自行车轮胎打过气，你可能已经注意到，不断地打气一段时间后，轮胎的阀门会变热，这是压缩打气筒内空气的结果。

宇宙也是类似的情况。想象一下，如果宇宙膨胀的过程可以像电影那样倒放，以前的宇宙会比现在更小更热。

在高压电饭锅中，被压缩的水蒸气的温度和气压都很高。如果你打开阀门泄压会发生什么呢？水蒸气会膨胀并冷却，并且冷却会持续下去，直至温度降到100摄氏度，这时水蒸气会冷凝成水滴。假如继续降温至0摄氏度，水还会被冻结成冰。这样的结构变化被称为相变。

宇宙的历史有点像上面讲的水蒸气的故事，差别是宇宙经历了6次相变而不是2次。宇宙在诞生后不到1秒的时间里，就已经完成了前4次相变。在我们了解更多关于物质如何形成的知识后，我们会再回过头聊聊它们。现在，让我们先来看看宇宙年龄在1分钟左右时发生的事情。

那时的宇宙由一群粒子（质子、中子和电子）与光子组成，所有的粒子都在高速运动并相互剧烈碰撞。即使1个质子与1个中子结合形成1个简单的原子核，也很快就会有粒子撞击原子核使之分裂。只

Neil deGrasse Tyson ✅
@neiltyson

值得提醒的是，你不能把棒球比赛中裁判员好球区的扩大归咎于宇宙正在膨胀。

💬 280　　🔁 3K　　♡ 11.3K　　2016年10月21日，19:20

有在宇宙诞生大约3分钟后，宇宙的温度才降到足够低，使质子和中子结合形成的原子核能在后面的碰撞中得以幸存，从而能稳定存在。这是一次相变。

上图　宇宙大爆炸中形成的粒子有质子（橙色）、中子（黄色）和电子（蓝色）。当宇宙足够冷时，粒子相互结合形成了原子（右下方）。

这些早期的碰撞生成了由单个质子和单个中子组成的简单原子核。在后续的碰撞中,形成了包含更多质子的原子核,例如包含2个质子的氦原子核,以及非常少量的包含3个质子的锂原子核。但是在这个过程开始后的45秒左右,一个新出现的状况停止了原子核产生的进程。宇宙膨胀使得粒子之间的距离变大,无法发生更多的碰撞,也无法产生更多更重的原子核。

现在,我们在宇宙如何演化成今天这样这个问题上前进了一大步。宇宙诞生时产生了氢原子核、氦原子核以及非常少量的锂原子核。那些更重的元素,如人体组织中的碳、血液中的铁,都是在恒星内部锻造出来的。

原子的世界

在宇宙演化的剧本中,原子是什么时候登台出演的呢?

我们刚才谈到的那个年龄只有几分钟的宇宙,是一团高温膨胀的气体,气体中电磁波包裹着原子核与自由电子。在高温状态下,电子可以摆脱原子核的束缚,这就会产生等离子体,等离子体被称为物质的第四态。比如温度很高的太阳,就主要是由等离子体构成的。

当自由电子与可以容纳它们的原子核连接到一起时,原子就形成了。但直到宇宙的年龄到达38万年时,温度才降到足够低,使得新形成的原子能稳定存在,避免被随后的碰撞撕碎。

在温度降到原子能稳定存在之前,宇宙由带电粒子组成——带负电的电子与带正电的原子核。与等离子体共享早期宇宙的辐射,同带电粒子剧烈地相互作用。当一团等离子体在引力的作用下尝试聚集到一起时,辐射会将这团物质吹散。可以把辐射想象成一堆围绕等离子体的炮弹,炮弹会向聚在一起的物质发起轰击。这意味着像星系和恒

6 种相变

地球上几乎所有的物质都以以下 3 种状态存在：固态（固体状态）、液态（液体状态）和气态（气体状态）。物体吸收或释放足够能量后，就会发生从一种状态到另一种状态的相变。下面的物态变化中有 4 种比较常见，有 2 种不常见：

■ **熔化**：固体变为液体　　■ **凝固**：液体变为固体

■ **汽化**：液体变为气体　　■ **液化**：气体变为液体

■ **升华**：固体变为气体　　■ **凝华**：气体变为固体

有些物质在固态时就有较高的蒸气压，因此受热后不经熔化就可以直接变为气体。在正常大气压下，水能以液态存在，但二氧化碳不行，固态二氧化碳（也就是干冰，呈白色）在室温和正常大气压的条件下，会直接从固态转化为气态。

当气体以极快的速度释放能量时，将跳过液化的阶段，直接形成固体，这就是凝华。阴冷冬季的早晨，霜会覆盖靠近地面的植被，这是空气中的水蒸气直接从气态变为固态的结果，这就是凝华。

上图　冬季早晨的霜是凝华的一个案例，物质发生了从气态到固态的相变。

Neil deGrasse Tyson ✓
@neiltyson

当我们搜索大爆炸时，《生活大爆炸》（*The Big Bang Theory*）这部喜剧竟然排在宇宙大爆炸模型之前，也不知道这是好是坏。

💬 4　　　🔁 391　　　♡ 86　　　　　2010年10月7日，13:01

星这类由物质聚集而成的天体不可能形成于那个阶段。

组成万事万物的原子的形成无疑是重要的。原子整体呈电中性，因为原子核里质子所带的正电荷与原子核外电子所带的负电荷相互平衡。原子的这种特性避免了它与辐射之间发生剧烈的相互作用。带电的等离子体转变为聚集的中性原子会产生两种效应：星系和恒星开始形成，被束缚在带电粒子之间的辐射可以自由传播。原子形成后，宇宙开始变得透明起来。

在调配一杯冰茶饮料时，你可以观察到类似的现象。看看向茶中加糖时会发生什么：最开始时，小糖团会散射光线，以至于没有光线能直接通过冰茶，这使冰茶看起来很浑浊；当糖溶解成电中性的分子后，浑浊一扫而空，液体重新变得清澈透明。

同样，当等离子体状态的带电粒子变成原子后，辐射不能再阻止物质因引力导致的聚集。我们熟悉的宇宙开始形成，而这些早期宇宙的辐射逐渐变成了今天探测到的宇宙微波背景辐射。

形成熟悉的宇宙

宇宙如何从膨胀的原子团演化成现在的星系、恒星和行星世界？这个问题困扰了宇宙学家很长一段时间。

要回答上面这个问题，将不可避免地遇到一些棘手的难点。因为

撕裂原子

在宇宙早期，原子因无法承受碰撞和撕裂的力量而不能稳定存在。实际上，把电子从原子中剥离出来并不需要太多的能量。这样的事情在霓虹灯中一直在发生，在你每次打开荧光灯时会发生，甚至在你穿着袜子在地毯上跑一圈然后去摸别人的鼻子时也会发生。

辐射会分散带电粒子，所以物质不能聚集成团，直到中性原子形成，宇宙才开始变得透明。但到了那个时候，宇宙已经膨胀，使得物质扩散开来，变得非常稀薄，即使已知源头的引力使物质间相互吸引，这样的引力也不足以让物质聚集形成星系。那么，到底发生了什么？

答案来自一种意料之外的神秘物质，它被称为暗物质。在 20 世纪 30 年代，瑞士裔美国天体物理学家弗里茨·兹威基（Fritz Zwicky）发现，星系团（由十几个、几十个乃至上千个星系组成的星系集团）的成员星系运动速度过快，超过了星系团中可观测物质所能提供的引力束缚上限，这意味着星系团中应该存在大量不可见的暗物质。1970 年，美国天体物理学家薇拉·鲁宾（Vera Rubin）通过观测星系中恒星的运动，再次发现了暗物质存在的证据。

顾名思义，暗物质不与光发生作用，也不与其他任何类型的电磁波发生作用，但暗物质能提供引力。事实上，宇宙中观测到的引力作用中的 85% 都来自暗物质——这解决了物质聚集的问题。

回想一下，因为辐射会吹开正在聚集的带电物质，因此只有在中性原子生成后才能形成星系。但是，暗物质不受辐射影响，可以在宇宙变透明前就开始聚集。因此，当原子形成后，它们会发现已经处于暗物质的笼罩中，会被其引力持续吸引。

想象一下，你有一包弹珠，然后把所有的弹珠都倒在一张布满孔洞的桌面上，弹珠会毫不费力地落进这些孔洞中，并聚集在孔洞周围。宇宙就像这张桌子，弹珠是普通物质，而孔洞由暗物质形成。普通物质要做的就是掉进暗物质已经挖好的引力洞里。

　　虽然至今我们仍然不清楚暗物质到底是什么，但我们可以测量出暗物质对普通物质直接的引力影响，并假定暗物质主导了宇宙早期物质聚集和形成星系的过程，为恒星、行星以及人类的形成做好了准备——这就是今天我们知道的宇宙。

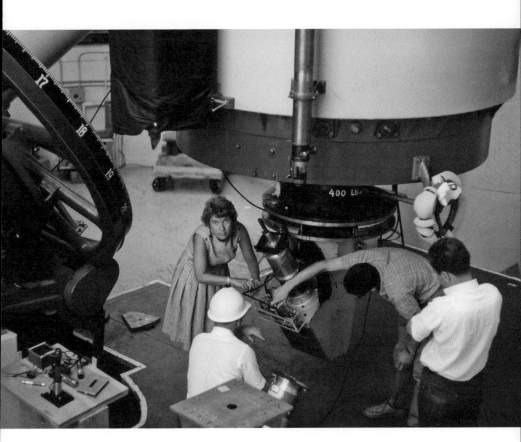

上图　年轻的鲁宾正在调试亚利桑那州洛厄尔天文台的望远镜。她的工作确认了暗物质的存在。

Neil deGrasse Tyson ✔
@neiltyson

长期困扰着顶尖科学家的宇宙四大未解之谜：

1. 生命的起源是什么？

2. 暗物质的本质是什么？

3. 大爆炸之前是什么样子？

4. 冰箱灯在冰箱门关上后的状态是什么？

💬 3.7　　🔁 16.5K　　♡ 106.3K　　　　2020年2月13日，22:24

从原子到恒星

万有引力就像一头怪兽。它永不停歇，恒久存在，把所有事物都凝聚到一起。对此，恒星深有体会。恒星在一生中的不同阶段，采用不同的策略来抗衡永不停歇的引力。它们第一步采用的是核聚变（热核聚变）的方式——这是将宇宙塑造成今日面貌的基本过程。

让我们把目光投到宇宙演化的这个阶段：普通物质已经聚集在由暗物质形成的引力势阱中，形成了星系大小的云团。在这些云团中，物质在某些地方更为集中（成团），也就是说，星系会变得疙疙瘩瘩。成团的物质有更强的引力，能吸附周围的物质，使得团块变大，这反过来又会增大团块的引力，这样就能吸附更多的物质。引力的简单作用会使庞大而散乱的原子、分子云收缩成更小更致密的物体，直至形成恒星和行星。

在引力的作用下，气体会坍缩并且升温。升温后，原子能量变大、运动速度更快，碰撞时会失去自己的电子，使得原恒星的气体变回等

600 000 000 吨　太阳每秒钟能将 6 亿吨氢转换成氦。

恒星的一生

你可能会因为大质量恒星拥有更多的氢燃料而认为它们的寿命比小质量恒星更长，但实际情况却正好相反。大质量恒星需要更多的能量去抗衡更强大的引力，因此它们不得不更努力地工作，消耗氢燃料的速度远快于小质量恒星。一颗大质量恒星的寿命或许只有数千万年，而质量最小的那些恒星可以持续发光数万亿年。

离子体。随着坍缩持续进行，中心位置的温度会一直升高，当达到数百万摄氏度后，新的阶段就将到来。

质子是带正电的粒子，质子之间通常会因为静电力而相互排斥。但在高温状态，它们的运动速度足够快，可以克服排斥力进而融合成更大的原子核。这就是核聚变，伴随着新原子核的形成，该过程会释放出惊人的能量。

核聚变中形成的较大原子核的质量比消耗的较小原子核的总质量稍微小一些。根据爱因斯坦著名的质能方程，这些损失的质量将转化成能量来维持恒星稳定。核聚变释放的能量在向外传输时会产生一个压力，与热等离子体自身的压力一起抗衡引力，阻止恒星进一步收缩。当第一道能量波传到恒星表面时，恒星诞生了。现代宇宙学认为，宇宙 3 亿岁时，第一代恒星才开始闪耀星光。

当恒星的燃料用完后，它们会采用其他的办法来抵抗引力。不同质量的恒星会以不同的形式结束自己的一生，最终留下白矮星（逐渐冷却的、地球大小的天体）、中子星（超新星爆发的产物，直径通常为 10 ~ 30 千米）或黑洞。超新星爆发时，由核聚变产生的原子重新回到太空中，成为形成未来恒星系统的种子。质量最大的那一批恒星在超新星爆发后会形成黑洞——引力获得了最终的胜利。

星云假说

皮埃尔－西蒙·拉普拉斯侯爵（Pierre–Simon,marquis de Laplace）的名号对每一位科学家和工程师来说都不陌生。拉普拉斯是一名数学家，在法国声名显赫，并且与拿破仑（Napoleon）关系密切，曾被拿破仑任命为内政部长。但这个任命只持续了6周，因为拿破仑很快就意识到拉普拉斯的行政能力甚至达不到平均水平，只能让他回归学术研究。

失之东隅，收之桑榆。拉普拉斯虽然在法国政界失意，但在天文学上获得了成功。他发现了像太阳系这样的系统的成因，它们是由巨大的星际气体与尘埃云坍缩而成的。这样的云团被称为星云，而这种假说被称为星云假说。由于康德（Kant）也曾发表过类似的假说，所以在科学史上通常称其为康德－拉普拉斯星云说。

前面已经提到过，坍缩会使云团的温度升高，直到中心发生核聚变，此外，这个过程还伴随着另一种很重要的现象。当气体尘埃云开始坍缩时，它的旋转速度会加快，就像滑冰运动员收拢双臂后会转得更快那样。除了落入云团中心的部分，快速的旋转会将云团剩下的部分扫进一个扁平的圆盘中，这个圆盘围绕着刚诞生的恒星。拉普拉斯认为，行星会在圆盘中形成，因此恒星周围的行星都大致在一个平面内以相同的方向围绕恒星旋转：这是一个简洁的模型，它告诉我们太阳系是如何演化成今天我们所知的样子的。

星云假说与太阳系的很多特征非常吻合，这也暗示了行星系统的形成应该是宇宙中常见的现象。也就是说，地球可能并不是银河系中

左页图　一片活跃的恒星形成区——神秘山，其中的气体被强烈的星风不停搅拌。这张照片由哈勃空间望远镜拍摄。

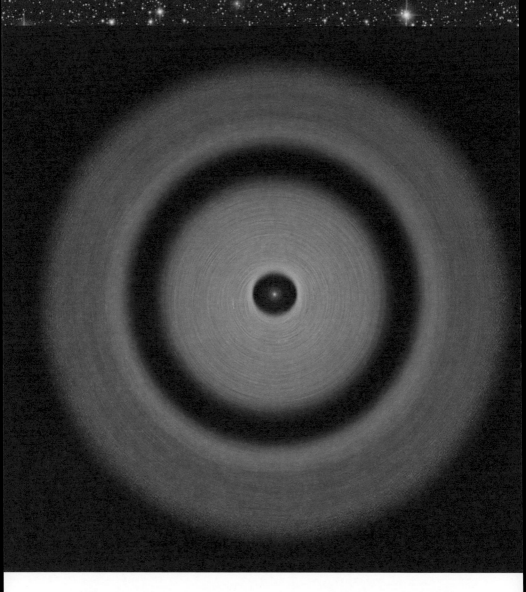

上图　这是围绕 176 光年外的红矮星长蛇座 TW 旋转的气体和尘埃的示意图。黑暗的环表明有一颗原行星正在形成，它在绕恒星旋转时聚集了附近的物质。

唯一适合生命存在的行星。利用现代的探测器和望远镜，科学家发现很多新形成的恒星周围都有原行星盘，也知道了在银河系中行星是如此之多，以至于其数量可能超过恒星的数量，即便银河系中有数千亿颗恒星。

一次可能没有发生过的交流

当拉普拉斯把他的总结性专著《天体力学》(Celestial Mechanics)呈献给拿破仑时，这位法兰西皇帝对他说："你写了一部关于世界体系的巨著，但一次都没有提到宇宙的创造者。"拉普拉斯回答道："陛下，我不需要这种假设。"

冻结线

太阳开启核聚变并开始发光后，太阳系的其余成员也开始逐渐成形。今天当我们环视地球的邻居时，会发现行星的形态存在明显的差别。靠近太阳的是岩质行星——水星、金星、地球和火星，它们也被称为类地行星。远一些的是气态巨行星——木星、土星、天王星、海王星，它们也被称为类木行星。其中，天王星和海王星因为主要成分是由水、甲烷、氨结成的冰，因此也被称为冰质巨行星。

为什么太阳系的行星会分成截然不同的两大类呢？形成太阳系的星云主要由挥发性物质和非挥发性物质构成。挥发性物质是像氢和水这样的受热后很容易汽化的物质，非挥发性物质是处在与前者相同的温度下仍然保持固态的物质，如沙粒。

太阳内部的核聚变启动后会对太阳系产生两种影响。第一，太阳会向空间辐射能量，使附近物质的温度升高。第二，太阳还会从表面向空间抛射带电粒子，这被称为太阳风。热量会将挥发性物质转变成气体，而太阳风正好可以将这些气体吹出内太阳系。因此在内太阳系中，能留下来形成行星的材料只剩下那些不易挥发的物质，如矿物颗粒。

经太阳风筛选后的剩余物质组成了体积较小的岩质行星，而那些位于太阳系外层区域的行星体积都相对较大，主要由挥发性物质构成。类地行星与类木行星被一条冻结线分开。在这里，温度已经降到足够低，即使是原行星盘中的挥发性物质也不会蒸发。

通过如此简单的物理学解释，我们就能理解太阳系的一些显著特征。但事实真的这样简单吗？很快我们就会看到，太阳系的形成蕴藏着更多复杂与不寻常的信息。

宇宙台球

之前我们假定行星形成是一个简单的过程，而太阳系是银河系中很普通的一个天体系统。在冻结线以内，矿物颗粒和其他固体聚合在一起形成房屋大小的星子，之后在引力作用下形成火星大小的原行星。原行星会吸收轨道上的其他碎片，成长到现在的大小。在更远处，类木行星的形成方式与太阳在星际云中形成的方式类似。

不幸的是，这种简单性并没有持续下去。在 21 世纪早期，人们找到了如何更细致、更精确地制作原行星盘演化模型的方法，然后发现事情并不简单。

在内太阳系，行星大小的天体曾经可能有多达 30 个，它们的引力相互作用就像一场宇宙台球比赛。一些天体会因相互碰撞而被粉碎，

Neil deGrasse Tyson ✔
@neiltyson

太阳系一直以来就像一个射击场，抑或说是一场由引力编排的芭蕾舞剧。

💬 28　　🔁 146　　♡ 39　　　　　2011年11月7日，15:31

上图　如图所示，在太阳系的形成阶段，行星状物体会盘旋着进入其他物体的轨道并与之发生碰撞。

另一些天体会被其他天体合并吸收，还有一些天体会坠向太阳，甚至有一些天体会被抛出太阳系，成为特殊的流浪行星。由此看来，我们所知道的这八大行星都是幸运儿，享有稳定的轨道。

虽然有行星被踢出太阳系从而摆脱了太阳引力的束缚，但它们不能逃离遍及整个银河系的引力场。与太阳和其他恒星一样，这些行星会绕着银河系中心运转。如果自银河系诞生以来形成的每个行星系统都贡献过一些流浪行星，那么银河系中行星的数量将多于恒星，而且大多数的行星根本都不围绕恒星运动，这可是一个出人意料的结果。

行星迁移

当宇宙台球的运动在内太阳系上演时，类木行星也在玩着它们自己的游戏。曾经，我们认为太阳系的形成是自然平稳的。

但我们错了。

事实上，现在的研究认为，正是因为木星曾在太阳系中来回移动，太阳系才形成了现在不同寻常的结构。在航海中有一种行船办法叫作顶风曲线航行，也就是让船迎着风以之字形连续变向，参考这种模式，有人给木星来回移动的模型取了"大迁徙假说"的昵称。

情况是这样的。木星在冻结线外不远处，用了数百万年形成。它与原行星盘之间持续的相互作用使得其自身缓慢盘旋着向太阳运动。在木星迁移的过程中，土星成长到现在的大小，也开始了自己朝向太阳的迁移之旅。土星比木星更小，迁移的速度更快。当土星到木星的距离足够近时，它对木星的引力开始起主导作用。2颗行星之间的引力相互作用以及两者与原行星盘之间的引力相互作用，使得2颗行星一起转向，开始向远离太阳的方向迁移。此时，天王星和海王星已经形成，这4颗带外行星（轨道在小行星带以外的行星）之间的引力相互作用使它们到达了现在所处的位置。

带外行星这些看起来很奇怪的运动实际上可以解释带内行星的很多特性，它微调了我们对宇宙如何演化成今天这样这个问题的理解。木星像保龄球撞击瓶形滚柱那样在原行星盘中推进。原行星盘中的一些物质被推向太阳，另一些物质则被弹射出太阳系，因此火星和小行星带的质量并没有预期中那么大。任何其他可能变得比现在更大的原

冥王星的窘境

冥王星在太阳系中是一个奇特的存在。它是一个体积很小的天体，却处在冰质巨行星该待的地方。冥王星在一个椭圆轨道上运动，其轨道倾角很大，超过 17 度，而八大行星中轨道倾角最大的水星也只有 7 度。

事实上，冥王星是第一个被发现的柯伊伯带天体，而天文学家预测柯伊伯带中直径超过 100 千米的天体可能多达 10 万个。2006 年，一项有争议的决议正式将冥王星降级为矮行星，它不再是一颗行星了。为此，国际天文学联合会（IAU）还公布了 3 条确定行星身份的标准：

■ 在围绕恒星的轨道上运动。

■ 质量足够大从而维持接近球形的形状。

■ 清空了其轨道附近区域的天体。

冥王星满足行星标准的前两条，但不满足第三条。它是一个绕太阳运动的球形天体，但其质量不足以使其引力在轨道中占主导地位。冥王星和其他有相似轨道特征的冥族小天体共享轨道。这些天体的体积小，主要由冰质物体组成。

一些天体物理学家、很多行星科学家以及不少从小在课本里知道冥王星是行星的人，对国际天文学联合会的行星定义感到不满。这个定义告诉你在哪里可能会找到这类天体，而不是这类天体是什么，这扰乱了为运行在星际空间的流浪行星建立身份标准的努力。

此外，冥王星拥有活跃的地质活动、稀薄但成分复杂的大气，其地表下还可能存在由液态水组成的海洋，这些条件表明它和木卫二、土卫二一样，很可能成为地外生命的家园。

右图 冥王星图像，由新视野号探测器拍摄的照片合成。

Neil deGrasse Tyson ✔️
@neiltyson

冥王星的真相：地球的天然卫星的质量是冥王星的 5 倍。快醒醒吧。

💬 216　　🔁 3.7K　　♡ 4.3K　　　　　　2015年7月12日，16:02

行星都遭遇到了同样的事情，导致地球成为太阳系中最大的岩质行星。

在行星运动的最后阶段，4 颗类木行星位置的重新排列将大量冰冷的彗星和碎片如雨点般射向类地行星，形成了所谓的大轰炸时期。一些迹象表明这可能是地球海洋中水的来源。

更外层的区域

现在我们已经聊完了太阳系中知名的八大行星。在更远的地方，太阳系还有些什么，它们又是怎么演化成如今这样的呢？

2019 年元旦，新视野号探测器飞掠了一个名为阿洛克斯的柯伊伯带天体，它的名字在波瓦坦 / 阿尔冈昆语中意为"天空"，这个天体的正式编号是 2014 MU69。柯伊伯带距离太阳 30 ~ 500 天文单位，是冰质小天体的王国，阿洛克斯和柯伊伯带中数以百万计的天体一起，在一个圆盘上绕太阳旋转。

下图　这张艺术图描绘了一群柯伊伯带天体，但图中的天体分布比实际情况紧密很多。

柯伊伯带天体的命名

按照惯例，柯伊伯带天体以与创造相关的神话人物来命名，但通常在正式命名过程结束前就获得了昵称。比如阋神星，它是以希腊神话中专司不和的女神厄里斯（Eris）命名的，但在这之前，有人用流行电视剧中虚构战士齐娜（Xena）的名字给它取了昵称。鸟神星是在复活节后很短的时间内被发现的，它的官方名称以复活节岛原住民神话中的创造之神命名，但在这之前它就得到了"复活兔"的昵称。

绝大多数柯伊伯带天体都是由凝结的挥发性物质组成的，如水、氨和甲烷。这些物质离太阳过于遥远，所以没有经历过太阳附近区域物质的遭遇，还保持着太阳系最早阶段的原貌。它们就像建筑物完工后遗留在建筑工地上的成堆的建筑垃圾。

2003 年，一个比冥王星稍小一些的天体在柯伊伯带被发现，这个天体最终被命名为阋神星。现在已经发现了 10 多个阋神星这样的天体，而且可能还有更多。柯伊伯带中还隐藏着关于太阳系"第九行星"的信息。科学家发现，包括赛德娜（Sedna）在内的一些柯伊伯带天体的轨道呈现出异常特征，为了解释这些特征，有人提出了一个非常有趣的假说：可能有一个 10 倍于地球大小的天体位于柯伊伯带外围，拖曳着它们前行。

在柯伊伯带之外，有一个遥远的、尚未被探测的区域，它从各个方向包裹着太阳系，这就是奥尔特云，其中遍布形成于太阳系早期的冰质小天体。

在太阳系中，行星、卫星以及小行星这些我们熟悉的世界，实际上只占非常小的一部分。太阳系能延伸到的区域远远超出我们所限定的范围。

第四章 宇宙的年龄有多大？

早期宇宙中第一颗恒星诞生的示意图。

4

　　现在你所看到的文字其实不是现在这一刻文字的样子，而是几纳秒之前文字的样子，这段微小的延迟是光从书本传播到你的眼睛所需的时间。同样，阳光从太阳表面到地球需要花费约 8 分钟，也就是说，假如太阳 5 分钟之前就爆炸了，你还要再等 3 分钟才能知道这件事。

　　如果想知道宇宙的年龄到底有多大，我们可以测量宇宙中离我们最远的天体发出的光到达地球所需的时间。通过这种办法估算的宇宙年龄可能是 125 亿年或 138 亿年（目前大多数科学家倾向于后者，稍后我们将讨论产生这个差异的原因）。这意味着我们今天探测到的最早的光来自 138 亿年前。如果宇宙是静态或稳定的，我们或许可以说可观测宇宙是一个从中心向外延伸了约 138 亿光年的球。

　　但是，我们并非生活在静态宇宙中，而是处在一个膨胀的宇宙中。这意味着当一个遥远星系发出的光向地球传播时，这个星系还在远离地球而去。如果我们把可观测宇宙定义为我们曾经看到或曾经能够看

左页图　根据地基望远镜与空间望远镜的观测数据绘制的宇宙黎明时的"第一束光"。

到的世界，我们再来讨论这个以地球为中心的球，会发现它向任何方向都能延伸约 450 亿光年。

但宇宙的大小有可能超出了我们能观测的范围——这直接引出了一个问题：对于整个宇宙来说，可观测宇宙所占的比例是多少呢？如果像有些理论学家所推测的那样，可观测宇宙只占了整个宇宙的很小一部分，那么宇宙实际的边界（如果存在这样的边界）我们可能永远也看不见。

谁也不知道在我们的视界外有什么，更不必说视界外到底有多大了，甚至视界内的东西我们都还没有搞清楚。但我们仍然对新发现感到惊喜，每次惊喜都会带来更多的信息，以及更多的问题。

惊喜 #1：宇宙微波背景辐射

任何温度高于绝对零度的物体都会向周围辐射电磁波。物体的温度不同，辐射出的电磁波也不同。太阳表面温度约为 5 500 摄氏度，辐射峰值位于光谱中的可见光波段。地球上的普通物体（包括你的身体）的辐射峰值位于红外波段，红外线的波长比可见光更长。物体的温度越低，辐射出的电磁波波长越长。宇宙微波背景辐射来自年轻的宇宙。

想要体验能量辐射的过程其实很简单，你只需要坐在篝火旁边。当篝火熊熊燃烧时，中央燃烧着的煤炭可能呈现亮白色，能够辐射出全波段的可见光。当篝火逐渐熄灭时，煤炭会变成红色，仍然辐射出可见光。通常此时的光颜色偏红，属于波长较长的那部分可见光。等到第二天早晨，煤炭已不再燃烧，但如果你把手放在煤炭上方，还是可以感受到一些热量。已经熄灭但还有一定热度的煤炭辐射的电磁波主要集中在红外波段。

宇宙就像篝火中的煤炭，刚开始时密度和温度都很高，然后在100多亿年中持续膨胀并冷却。对宇宙辐射出的电磁波进行分析，我们便可以回溯宇宙的历史，测量出宇宙的年龄与大小。

1964 年，新泽西州贝尔实验室的两位物理学家阿尔诺·彭齐亚斯（Arno Penzias）和罗伯特·威尔逊（Robert Wilson）在进行一项既实用又枯燥的实验时，意外地解锁了宇宙发出的一条秘密信息。在那个时代，卫星通信还是一件新兴事物，这种系统使用微波来传递信号。由于环境中的微波信号可能会影响卫星信号传输，因此彭齐亚斯和威尔逊使用一台老式的微波接收机巡视天空，尝试去寻找可能存在哪些种类的干扰信号。

出乎他们意料的是，不论他们将接收机指向哪个方向，都能探测到一种微弱的微波信号，表现为听筒中的嘶嘶声。在这种情况下，实验者们推测问题出在天线上，因此彭齐亚斯和威尔逊花了大量时间去检修天线。他们发现有一群鸽子在接收机上筑巢，在其表面留下了一

什么是绝对零度？

温度与宇宙的年龄息息相关。但在讨论温度之前，我们需要一个基准。因为根本没有"冷"这种东西，只有缺少"热"。你可以去收集尽可能多的热量，而假如这些热量都被带走，你就会到达一个冷的极限——零下 237.15 摄氏度，或者说 0 开尔文，这个温度被称为绝对零度。当物质内部不存在热能后，就会处于这个状态，此时原子和基本粒子几乎不动了。

温度本身就可以量度原子运动的快慢。例如，室温下原子的运动速度和喷气式飞机相当，但它们能移动的距离很短。虽然绝对零度还没有在实验室中完全实现，但麻省理工学院的物理学家已经将钠钾分子冷却到仅比绝对零度高 5 000 亿分之一摄氏度。

层被物理学家戏称为"白色电解质"的鸟粪。但即使他们赶走了鸽子，清理干净了鸟粪，嘶嘶作响的微波还是存在。

最后，彭齐亚斯和威尔逊联系了附近普林斯顿大学的物理学家，这些物理学家推断这种信号不是机器原因导致的，而是来自宇宙深处，这也解释了为什么他们的天线在各个方向上都能接收到嘶嘶作响的微波。物理学家指出，曾经非常热的宇宙在经过漫长时间的冷却之后，会释放出微波波段的辐射。就像篝火中的煤炭一样，宇宙辐射出的电磁波的波长也会与宇宙的温度相匹配。

上图　彭齐亚斯和威尔逊在查看他们的喇叭形微波接收机，正是这台接收机带来了 20 世纪最伟大发现之一——宇宙微波背景辐射。

这样或那样

说到鸽子……根据传说，当被告知这一发现的重要性时，威尔逊说道："我们要么发现了一堆鸟屎，要么发现了宇宙的起源。"

这个令人惊喜的发现告诉我们，我们可以回溯宇宙大爆炸后几十万年的事件。事实上，接下来的卫星观测也证实了这种情况，宇宙微波背景辐射的发现为宇宙大爆炸提供了极其关键的证据。因为这项工作，彭齐亚斯和威尔逊获得了 1978 年的诺贝尔物理学奖。

惊喜 #2：微波中的信息

先思考一下，这些宇宙微波是从哪里来的。你可能还记得前面提到的内容，在宇宙大爆炸 38 万年后，宇宙冷却到了原子能稳定存在的温度。在这之前，膨胀的宇宙中的物质处于等离子体状态，束缚住了所有的辐射。

当原子形成后，宇宙变得透明，所有的电磁辐射都能自由传播。从那时开始，膨胀的空间中弥漫着各种波，而宇宙的温度已经很低，只能辐射微波。因此，宇宙微波背景辐射就如同一条时间通道，通过它可以回溯原子刚刚形成时宇宙的状态。

观测结果令人惊讶！无论我们从哪个方向看向宇宙，宇宙微波背景辐射的温度几乎都相同，各个方向的差异不超过万分之一，也就是说，整个宇宙拥有异常均匀的温度。想象一下，在装有全屋温控系统的住宅中，不同房间之间的温度差异都比这个大。不管这所住宅有多大，它肯定远远小于宇宙的大小。

这就是为什么温度能告诉我们宇宙的大小和年龄。在宇宙大爆炸

上图　宇宙微波背景辐射是宇宙大爆炸遗留下来的能量，遍布宇宙，这张合成图像揭示了其微小波动。

发生和原子形成之间的 38 万年里，即使宇宙各部分冷却的速率只有微小的差别，都有足够的时间使任意两部分的温度产生不同。

那么，整个宇宙又是怎么知道它应该是什么温度呢？而且在任何地方都能精确地匹配这个温度？宇宙各部分具有相同温度的事实强烈表明，宇宙膨胀的时间比设想的要短——下面我们将借助暴胀宇宙模型来解释它。

惊喜 #3：暴胀宇宙

粒子物理学可以说是现代科学中最重要的学科之一，也在我们对宇宙年龄的探索中发挥着关键作用。

很久很久以前，新生的宇宙温度非常高，以至于剧烈的碰撞使物质只能以最基本的形态（基本粒子）存在。这些基本粒子之间的相互作用标志着宇宙的演化开始了第一步。因此，要理解已知的最庞大之物——可观测宇宙，我们必须先了解已知的最微小之物——基本粒子。

宇宙学在这方面最早的突破性工作出现在 1979 年，美国物理学家阿兰·古斯（Alan Guth）等人提出了暴胀宇宙模型，这个理论的名字来源于当时美国经济的通货膨胀率超过了 10%。

暴胀宇宙学虽然仍处在探索和发展阶段，但它的主体结构运行顺畅。古斯运用对粒子物理学的新理解，发现在 10^{-35} 秒时，宇宙就开始冻结了。

凝固是一种常见的相变。有些物质在凝固时体积会略微变大，比如水，这也是寒潮来临时没有做好防冻保护的水管发生破裂的原因。古斯发现，宇宙在经历特殊的暴胀相变时体积会产生惊人的膨胀——空间自身的膨胀。

有趣的是，这个假说还告诉我们，暴胀发生之前的宇宙比依据哈勃膨胀直接回缩得到的宇宙更小。在暴胀之前，宇宙体积很小，各个部分很容易就能达到热平衡状态，也就是温度都相同。一旦达到热平衡，在随后的快速膨胀阶段，这种温度的均匀性会在宇宙的各个地方留下印记。

不仅如此，大的波动也会在急速膨胀的过程中趋于平缓，变成小的波动。因此暴胀宇宙模型解释了为何如此大尺度的宇宙各处温度差

万分之一

为了直观地理解两次测量值相差小于万分之一意味着什么，想象有两把很标准的尺子，每一把都声称非常准确。如果把它们并排放到一起对比，其中一把尺子比另一把长不到一根头发的宽度，它们之间的长度差异就不到万分之一。

异会如此小。

惊喜 #4：宇宙微波背景辐射中的温度差异

要想理解宇宙微波背景辐射中温度差异的重要性，我们需要回忆一下原子形成之前宇宙的样子。那时所有的物质都以等离子体的形式存在，带电的质子和电子漂浮在电磁波的海洋中。在物质尝试聚集时，高能辐射就会将它们吹开。等离子体中每发生一次这样的事件，都会生成一道波。因为这些波与空气中的声波很像，因此它们也经常被称为声波或声学振动。

等离子体会很自然地在一些区域更加集中。就像你将一把小石子扔进平静的水塘时看到的那样，波在等离子体中也会形成复杂的"图案"。等离子体密度越高的地方，图案越复杂。这些图案会在等离子体中传播，直到原子形成后，辐射被释放出去。

与此同时，辐射带着这些图案的信息一起被"冻结"进宇宙的结构中。包括暗物质在内的高密度区域为星系的形成埋下了种子。这也是为什么研究宇宙中星系的位置以及宇宙微波背景辐射的细致温度分布图，可以帮助我们在探究宇宙年龄的过程中解码宇宙的历史。

Neil deGrasse Tyson ✔
@neiltyson

宇宙——138 亿年了还在发展中……

💬 172　　🔁 785　　♡ 572　　　2012年10月26日，20:44

右页图　推动宇宙膨胀的暗能量的艺术化呈现。

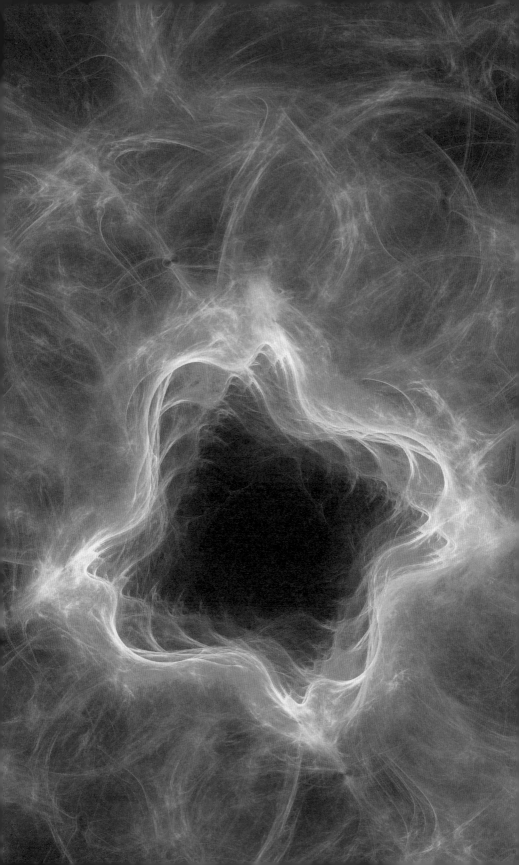

小数字

宇宙在 10^{-35} 秒时开始暴胀，这个数字表示小数点后有 34 个 0 和 1 个 1——0.000 000 000 000 000 000 000 000 000 000 000 01。不要试图去想象这个时间间隔，它比你经历过的任何时间间隔都短。现在世界上最快的计算机能在 10^{-18} 秒中完成计算，这个时间看起来很短，但与宇宙开始暴胀时的年龄相比，这个时间就是永恒。

欧洲空间局的普朗克卫星利用现有最先进的仪器测得了宇宙微波背景辐射的温度变化数据，再结合星系巡天数据，得到了一个可靠的宇宙年龄：138 亿年。

但不要太满足于这个结果，科学家还有另一种方法测量宇宙的年龄，而且得出了不同的结论。

天文学中的距离阶梯

宇宙微波背景辐射为我们提供了一条得知宇宙大小和年龄的途径，但是就如科学的历史中经常出现的那样，还有其他完全独立的方法来回答这个相同的问题。这些方法依赖于宇宙不同的特性，可以为我们的假设和测量提供有价值的对比检验。当然，在理想的情况下，利用各种方法进行的每次测量都会得到相同的结果。

另一种测量宇宙年龄的方法基于宇宙的大尺度结构。不幸的是，这种技术遇到的难题是测量天体的距离，而这正是天体物理学家面临的最持久的挑战之一。回忆一下你最近一次眺望星空的经历，一颗光芒暗淡的星星可能离我们很近，而离得较远的星星也可以非常明亮。现在，我们必须回到宇宙距离阶梯上来。

　　在日常生活中，如果你计划测量一个物体离你的距离，比如房屋里的桌子，普通的尺子就能满足需求。但如果你需要测量的是所在城市的大小，那就需要其他的测量工具了，比如汽车的里程表。

　　再进一步，如果要测量距离另一个大陆上的城市有多远，你可能需要使用卫星数据。根据测量目标的不同，你需要选择不同比例的"尺子"——距离阶梯中不同的梯级。理想的情况是，你能发现（或建立）不同方法测量结果的重叠区域。在这些重叠区域，你要确保两种不同的方法能得到同样的结果，也就是说我们必须确保距离阶梯的不同部分能准确连接在一起。

上图　欧洲空间局的盖亚天文卫星围绕太阳运动，目标是建立一个包含 10 亿颗恒星的三维星图。

上图　盖亚天文卫星看到的银河系，它一共捕捉到了近 20 亿颗恒星的信息。图的中央是扁平的银盘，包含了银河系绝大多数的恒星。

　　我们已经讨论过天文尺度的距离阶梯中的前两个梯级。天文学中最简单的测距方法是视差法。测量指向天体的视线角度，再加上一些简单的几何知识，就可以算出这个天体的距离。欧洲空间局 2013 年发射的盖亚天文卫星探测了数以亿计的恒星的视差，将第一个梯级的测量距离拓展到了 2.5 万光年，其中包含了造父变星。

　　这样的测量让视差法和勒维特提出的标准烛光法相连接，标准烛光法使测距范围延伸到其他星系。但是如果距离超过 1 亿光年，我们就不能区分出星系中的单颗恒星，必须寻找到一种新的标尺——一种新的标准烛光去测量宇宙的大小，最终得到宇宙的年龄。

　　拓展宇宙距离阶梯（增加梯级）的最好办法就是找到在极远的距离外也可见的标准烛光。幸运的是，宇宙中的确存在这样的天体，它就是 Ia 型超新星。

　　Ia 型超新星只有在双星系统中才能产生，它需要两颗恒星绕彼此旋转，并且其中一颗必须是白矮星。虽然白矮星的质量是太阳的零点几倍或一点几倍，但它的大小跟地球差不多，也就是说其密度可以比太阳大约 100 万倍。在双星系统中，白矮星会把伴星的物质吸引过来，直到它的质量达到太阳质量的 1.44 倍，这一数值是白矮星的质量上限，被称为钱德拉塞卡极限，以美籍印度裔天体物理学家钱德拉塞卡（Chandrasekhar）的名字命名。在这个极限下，一系列的热核反应被压力触发，在接下来的爆炸中，白矮星会被炸得粉身碎骨。

　　在接下来几周，Ia 型超新星会释放出比所在的整个星系更明亮的光芒。由于所有的 Ia 型超新星都是由质量基本相同的白矮星爆发产生的，因此它们本身的亮度也相同，意外地成了极远距离外的标准烛光。从 20 世纪 90 年代开始，天体物理学家开始使用 Ia 型超新星作为标准烛光来探索宇宙的历史。

惊喜 #5：暗能量

　　由于星系之间的引力作用，曾经每个人都认为宇宙膨胀的速度在放缓，但观测结果与人们的预期正好相反。距离地球越远的星系远离地球的速度就越快，这意味着宇宙的膨胀在加速。空间中一定充斥着一种预料之外的力量，它将星系相互推离。美国天体物理学家迈克尔·特纳（Michael Turner）创造了暗能量这个词来描述引起宇宙加速膨胀的力量。顺便提一下，暗物质对物质起聚集作用，而暗能量使物质分离。尽管它们的名字很像，但我们有理由认为暗物质和暗能量之间没有任何关联。

　　正如我们将在下一章看到的那样，要完全理解宇宙微波背景辐

Neil deGrasse Tyson ✔　　　　　　　　　　🐦
@neiltyson

今年（2011 年）的诺贝尔物理学奖颁给了暗能量的发现者，这项发现比诺贝尔奖本身更重要。

💬 49　　🔁 230　　♡ 53　　　　　　　2011年10月4日，18:37

射的数据，就需要有暗能量存在，暗能量是决定宇宙命运的关键因素。虽然如此，但我们完全不知道暗能量到底是什么。天体物理学家亚当·里斯（Adam Riess）、索尔·珀尔马特（Saul Perlmutter）和布赖恩·施密特（Brian Schmidt）对遥远超新星的研究证实了宇宙在加速膨胀，他们因此获得了 2011 年的诺贝尔物理学奖。

此外，里斯带领的团队利用刚刚介绍的宇宙距离阶梯中新的梯级，将哈勃空间望远镜的能力运用到了极致，发现了下一个大惊喜。他们的研究指出，与现在的膨胀速度相匹配的宇宙年龄是 125 亿年，比从宇宙微波背景辐射数据中得到的 138 亿年年轻。不到 10% 的差别似乎问题不大。但实际情况是，这两种测量方法与所用的设备赋予了它们非常好的准确性与极高的精度。它们的误差范围没有重叠，但它们不可能都是正确的。所以，两个结果中应该有一个是错误的，另一个是正确的，甚至两者都是错的。

现在该怎么办呢？

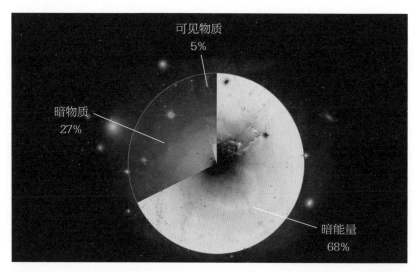

上图　当我们仰望星空时，所能看到的普通物质只占宇宙的大约 5%，我们可以测量其余的部分，但对它们是什么一无所知。

紧张

现在有两种办法估算宇宙的年龄，但是这两种办法得到的结果不一样。分析宇宙微波背景辐射数据得到的宇宙年龄是 138 亿年，从宇宙距离阶梯外延得到的宇宙年龄是 125 亿年。

这两种结果之间的紧张关系可以用一个简单的事实来缓和：世上没有完美的测量方法。不管对一个物体的测量有多么精确，结果的准确性总是受到限制的。

假设你要测量所在房间的大小，你估计会用尺子或卷尺来做这件事。无论你多么小心，你的测量精度都会有一个基本的限定。以一把常见的美国尺子为例，它的最小刻度一般是 1/16 英寸①，如果用这把尺子测量房间的长度，你没法知道这个房间到底是 10 英尺 5/32 英寸长，还是 10 英尺 6/32 英寸长。同样，如果你的尺子的最小刻度是 1/32 英寸，你也无法测出房间是 10 英尺 11/64 英寸长，还是 10 英尺 12/64 英寸长。换句话说，你对房间的测量结果的准确性受到测量工具精度的限制，因此在你的实验中会有一个可量化的不准确度。

那么在测量一个大陆的大小时情况如何呢？大陆的尽头是海岸，但海岸是什么？海岸线随着潮水涨落而变化，即便对低潮进行精确测

Neil deGrasse Tyson ✓
@neiltyson

不要放弃我们，美国正慢慢向国际单位制靠拢。

💬 2K　　🔁 11.8K　　♡ 67.4K　　2017年7月22日, 07:49

---

① 1 英寸 = 2.54 厘米，1 英尺 = 30.48 厘米。

量，也没有完全相同的结果。因为月球到地球的距离在变化，地球到太阳的距离也在变化，低潮之间也不尽相同。

在某种程度上，每个人都必须就一个足够接近的数字达成一致。

不论你的仪器多精密，观察多么仔细，测量所用的设备总会有一个最小的测量间隔，它决定了测量结果小数点的最后一位天然具有不确定性。在科学上，这种不确定性代表了多次实验时可能得到的误差的范围。如果测量你所在房间的大小，你或许会在测出的长度后面添加 ±1/16 英寸，用以说明测量时使用尺子的精度。

测量设备的精度只是实验或观测中引起不确定性的众多因素之一，有时设备中那些与测量没有直接关系的部件出现问题也会影响结果。

下图　位于蛇夫座的双星系统蛇夫座 RS 距离地球约 5 000 光年，其中的白矮星从红巨星上拖走物质流，最终可能演化为超新星。

正确的问题

　　针对同一种现象，如果两次高度可靠的测量得到了不同的结果。即使所有的假设都经过了一次次的验证，测量者与竞争者也对实验进行了反复检验，这种差异在重复测量时仍然存在，这个时候就要思考，测量所要解决的那个问题本身是否具有你认为的意义。爱情的温度有多高？地球表面的边缘在哪里？月球是用哪种奶酪做成的？这些问句的语法都正确，动词和名词的位置都正确，但它们没有实际的物理意义，因为问题本身存在缺陷。那么"宇宙的年龄有多大"也会是类似的无意义问题吗？我们现在还不知道。

2011 年，位于瑞士日内瓦的欧洲核子研究中心（CERN）的物理学家宣布，他们探测到了超光速粒子，这一声明引起了轩然大波。如果这是真的，那么爱因斯坦的相对论就不得不做出重大修改。但后来调查结果表明，一根没有连接好的光纤导致了此项错误的结果。在这个案例中，设备的故障影响了测量结果的准确性，而不是仪器的精度等其他因素。在科学研究中这种情况并不罕见，这也是为什么彭齐亚斯和威尔逊在宣布发现宇宙微波背景辐射前要花大量的时间去检修天线。

　　统计样本也会导致不确定性。如果你用路过身边的一支篮球队中10 个人的身高去估算自己国家公民的平均身高，可以想象这个结果的准确性有多低。民意调查专家很清楚这一点，因此他们会做上千份的调查，而不是只做 10 份。即使是这样，他们得到的结果的误差范围一般都是 ±3%。对于同样的总人口，测量其中 100 万人得到的结果的准确性会大大提高。

　　测量中错误的分析也会导致不确定性。想象一下，你以为你的尺子是在美国买的码尺，长度是 1 码（0.914 4 米），但实际上它却是一

Neil deGrasse Tyson
@neiltyson

以太只存在于猜想中，而从来没有被观测到。暗能量与以太不同，虽然我们对它还一无所知，但它可以被观测证实存在。

♡ 57　　↱ 138　　♡ 34　　　　　　2011年10月5日，15:43

把长度为 1 米的米尺，米尺比码尺长了约 9%。因此无论你的测量有多细心，得到的测量结果肯定会偏离约 9%。一些未知的背景因素也有可能导致你的结果是错误的，例如你可能不知道所测量房屋的墙面并不平直。

毫无疑问，开展良好的科学研究是一件很麻烦的事。

起初，上述测量宇宙年龄的两种方法都有很大的误差范围，因此，虽然利用它们得到的宇宙年龄不同，但科学家们并没有过多在意。而且很重要的一点是，两个不同结果之间是有重叠区域的，这意味着宇宙的年龄可能就是重叠区域中的某个值。但随着时间的推移，分属两

准确性与精度

电子钟的精度可以达到 0.01 秒，事实上，这一精度超过了绝大多数人的生活所需。但是，假如在你不知情时电子钟指示的时间被调快了 6 分钟，它就变成了一部精度很高但完全不准确的钟。在科学上，我们首先谋求的是准确性：答案到底对不对？在大致范围内吗？接下来，我们会试图通过提高测量精度来提高结果的准确性。

左页图　超环面仪器（ATLAS）是欧洲核子研究中心的大型强子对撞机（LHC）的 4 个大型探测器之一，其中高速运动的亚原子粒子碰撞产生的碎片中可能包含未曾发现的粒子。

方的研究团队都提高了测量精度（降低了误差范围），此时的差异已经不能再被忽视了。宇宙的宇宙微波背景辐射年龄是（137.99±0.21）亿年，宇宙的超新星年龄是（125±3）亿年。微小的误差范围使两个不同的年龄不再有重叠区域，因此这个差异很可能是在分析不同测量结果时遇到的未知因素造成的。用里斯的话来说："这种不匹配一直在增长，现在的程度已经大到了不能将其视为侥幸而不予理会的时候。"

惊喜 #6：暗物质

到目前为止，我们在探索宇宙的大小与年龄时，绝大多数时候提到的都是像质子和其他常见粒子这样的普通物质。回顾整个科学的历史，我们可以把它看作一场尝试去了解这些普通物质性质的历程。但我们最终会发现，宇宙中隐藏的东西远比我们看到的多。

20 世纪 30 年代，天文学家发现维系星系团的引力比星系团中可见物质能提供的引力更强。20 世纪 70 年代，美国天体物理学家鲁宾在星系中也发现了类似的情况。围绕星系中心绕旋的恒星运动速度比预想的大，星系中所有恒星提供的总引力也不能束缚住它们。要解释这种现象，唯一的办法就是假设星系中的可见物质被由不可见的神秘物质构成的球体包裹，这种神秘物质能提供额外的引力，但它不辐射

Neil deGrasse Tyson ✔
@neiltyson

可见物质与能量的总和不超过宇宙总质能的 5%。
余下的部分由暗物质和暗能量组成。截至现在，我们除了确认它们存在，其余几乎一无所知，这让天体物理学家们快乐地迷惑着。

💬 890　　🔁 2.7K　　♡ 21.8K　　　　2020年5月17日，16:59

电磁波，也不和电磁波发生相互作用。这样的物质被称为暗物质，各国的科学家正在通过各种探测手段寻找暗物质。

在鲁宾对星系测量之后的半个世纪中，科学家们在不同的宇宙环境中都找到了暗物质存在的迹象，暗物质对理解星系形成至关重要，也是探寻宇宙大小与年龄的关键。以对暗物质的现有认知，我们可以这样描述暗物质：

■ 我们知道暗物质存在。

■ 我们完全不知道暗物质是什么。

■ 或许称暗物质为"暗引力"更合适一些。

宇宙的形成

认识宇宙的三维结构对于了解宇宙的大小至关重要，但我们很难看到宇宙的三维结构。对此，人类的第一次尝试是通过红移巡天绘制

大型地下氙探测器（LUX）实验

如果银河系的确被球形分布的暗物质包围着，那么地球的运动应该会带起一阵暗物质粒子风，它持续地吹向我们、围绕我们。由于暗物质只参与引力作用，基本不参与电磁相互作用，因此这种风与普通物质只有非常微弱的作用，绝大多数情况是风过不留痕。

桑德福实验室位于南达科他州一座废弃金矿地下1.6千米处，其中有一个电话亭大小的容器，里边装满了液态氙，用于探测暗物质粒子风与氙原子之间的任何微小碰撞。这是大型地下氙探测器实验中的核心设备。遗憾的是，直到本书完稿之时，这项实验或其他任何实验都还没有探测到暗物质粒子。

Neil deGrasse Tyson ✔
@neiltyson

宇宙以 70 千米每秒每百万秒差距的速度持续膨胀着①，想要更多空间的人可以了解下。除此之外，今天没什么可推的。

💬 969　　🔁 5.2K　　♡ 43.4K　　　　2020年3月29日，09:54

星系在空间中的三维分布图。我们已经知道星系在二维天图上的位置，但要完成三维分布图，还需要知道星系的距离。红移代表了星系远离的速度，在知道星系的红移后，我们就可以根据哈勃定律计算出星系的距离。

得益于电子设备的发展，现代巡天可以同时测量数百个星系的红移。因此，现代红移巡天的数据比它们的"前辈"得到的数据丰富得多。1982 年，哈佛大学天体物理中心通过红移巡天得到了 2 200 个星系的红移数据。得益于更先进的技术，斯隆数字化巡天项目在 2007 年时已经公布了超过 100 万个星系的红移数据，提供了一幅更加全面的三维图像。

当在空间中标记出所有的星系后，你会发现它们在宇宙中的分布并不均匀，呈现出来的是一种奇特而有序的景象。

假如你有一块巨大的海绵与一把大剪刀。用剪刀将海绵剪开，你会看到很多蜂窝状的孔洞。在通过红移巡天数据建立的三维图像中可以看到类似的情形，有被称为巨洞②的空旷区域，它们被由星系组成的丝状纤维和片状结构包围。

欢迎来到宇宙大尺度结构。

为了了解我们在宇宙中的位置，回答"宇宙的大小有多大"与

---

① 也就是说，距离我们 100 万秒差距的星系远离我们的速度是 70 千米每秒。
② 超星系团内部或超星系团之间的星系低密度区。

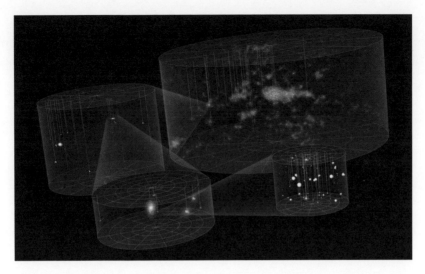

上图 太阳系（右下）是银河系（左下）的一部分，银河系是本星系群（左上）的一部分，而本星系群又属于室女超星系团（右上）的一部分。

"宇宙的年龄有多大"这两个相互交织的问题，你可以沿着下面这个思路前进：地球是太阳系的一部分，太阳系是银河系的一员；银河系的直径约为 10 万光年，是直径约 1 000 万光年的本星系群的一部分，本星系群又属于横跨 1.1 亿光年的室女超星系团；最后，超星系团是包裹巨洞的网状结构的组成部分。

长期且有力的证据表明，宇宙的形态、形式和内容不仅在此时此地可知，在彼时他处也可知。

"BOSS 长城"

在可观测宇宙中，目前探测到的最大尺度的结构是被称为"BOSS 长城"的超星系团，它是以重子振荡光谱巡天项目（Baryon Oscillation Spectroscopic Survey）的英文首字母来命名的。宇宙中这条巨大的带状结构长约 10 亿光年，看起来像个超大蜂巢。

第五章 宇宙是由什么构成的？

超弦能统一所有的力吗？这里
是一幅艺术效果图。

5

　　宇宙由什么构成？这是科学中最基本的问题之一。要追寻这个问题的答案，你可以从环顾四周开始。粗略一瞥后，你会觉得世界由无数种各不相同的材料构成，它们遵循着无数种不同的规律。

　　假设有人让你去找出构成图书馆的最基本构件，从图书馆外面看去，它是由砖块或其他坚硬的建筑材料构成的，当你走进图书馆、看到一个个放满书的架子后，或许你又会觉得，书才是图书馆最基本的构件。

　　但图书馆不仅仅是一堆随意堆放的书本，图书馆管理员需要对书籍进行规律性排列，以便于阅览者知道书籍的分类——传记、诗歌或小说等。如果你继续深入调研，对于什么是图书馆最基本的构件，你将不断得到新的答案。

　　现在，从书架中拿出任意一本书并打开它，你会看到一堆单词。几乎所有的书都是由一个个单词写成的，所以图书馆最基本的构件更

左页图　要知道宇宙是由什么构成的，首先需要望向星空深处，再深入物质的本质中去。

> **Neil deGrasse Tyson** ✔
> @neiltyson
>
> 我的一些挚友——实际上是所有的挚友，都是由化学物质构成的。
>
> 💬 962   🔁 3K   ♡ 33.5K   2020年3月9日，11:14

像是单词。还有一套叫作语法的规则，我们可以通过语法把单词组合成句子，然后把句子变成段落，将段落组成章节，最后写就一本书。

不要急着下结论，还有更多层次有待挖掘。一些单词和词组只出现在某些图书馆的藏书中，其他图书馆则没有，这是因为世界上有不同的语言以及不同类型的图书馆。大多数语言的单词是由字母组成的，这些字母依照一定的拼写规则聚集成单词。此外，在现今的数字时代，我们还可以再向下探索一层，用0和1按照相应规则组成字符串来表示字母。

对图书馆最基本构件的探索将我们带入了未知的图景，其复杂程度远超最初的预期。

探索宇宙基本结构的过程也同样如此。

化学诞生

在中世纪，一群研究者在被称为炼金术的领域中执着地探索，他们的形象也出现在电影《哈利波特》（ *Harry Potter* ）中。这个行业中有些不择手段的成员，通过向雇主承诺能把便宜的铅变成珍贵的黄金而获得财富。虽然这些虚假的承诺不能实现，但众多炼金术士对科学的进步做出了实实在在的贡献，在几个世纪的时间里，他们积累了大量关于化学反应的定性资料。

　　18世纪的法国贵族安托万·拉瓦锡（Antoine Lavoisier）和他的妻子玛丽-安妮·拉瓦锡（Marie-Anne Lavoisier）用科学的方法研究了这些资料。他们将精确测量引入化学，拉瓦锡（指安托万·拉瓦锡，以下不再赘述）因此成为发现化学反应前后总质量不变的第一人，这在后来被称为质量守恒定律。

　　然而，在我们看来，拉瓦锡最重要的贡献是发现了像元素这样的

上图　中世纪的炼金术士保存着很好的实验笔记，他们描述元素特征的方法影响了未来的化学学科。

Neil deGrasse Tyson ✔
@neiltyson

有时候我在想，宇宙内是否能诞生出比宇宙本身更复杂的事物。

💬 2.3K   ↻ 8K   ♡ 47.3K   2018年5月18日，23:23

东西是真实存在的。世界上或许有无数种不同的物质，但它们都可以通过化学手段被分解成更小的组成单元。焚烧木材或者用酸溶解合金，就可以将复合材料转换成基本成分。

但是有些物质不能通过这种办法来分解。例如，木头燃烧后留下的黑炭可以和其他物质组合成像二氧化碳这样更复杂的物质，但它不能（在化学上）再被分解为更简单的东西。因此，我们称这种东西为碳元素。虽然那时的化学家知道成千上万种物质，但他们只知道很少的元素。1776 年（美国诞生于这一年），在所有的物质目录中，人们只知道 22 种元素，其中还有 12 种是古人发现的。

在 18 世纪末期，化学家发现了元素的一些惊人规律，其中最重要的就是定比定律，它描述的是：对于一种给定物质，无论这种物质来

天才的陨落

不幸的是，拉瓦锡没能继续参与他那一代人的化学研究。在法国，那个时代对贵族和科学家都不友好（而且，拉瓦锡还与一家不受欢迎的税收公司有牵连）。1794 年，在法国大革命的动荡时期，拉瓦锡被送上了断头台。据说欧洲各地都有人为他求情，但是没有成功。拉格朗日痛心地说道："他们可以一眨眼间就把他的头砍下来，但他那样的头脑一百年也再长不出一个来了。"

自哪里,物质中不同元素的质量之比总是一样的。例如,无论是热带岛屿附近的水还是冰川融化的水,其中氧元素和氢元素的质量之比始终是 8:1。

有了这些发现,科学家准备好去更深入地探索宇宙由什么构成了。

元素从哪里来?

我们现在知道每一种元素原子核中的质子数量。我们也知道宇宙在诞生 3 分钟时合成的原子核中质子的数量不超过 3 个:氢原子核有 1 个质子,氦原子核有 2 个质子,锂原子核有 3 个质子。

那么其余的元素从哪里来?

要回答这个问题,我们需要再次回到太阳系的形成上来。当物质被引力压缩后,核心的温度会升高,温度达到数百万摄氏度时便会触发核聚变。在经过几个中间步骤后,4 个氢原子核会融合成一个氦原子核,并产生一些其他粒子,同时释放出能量。此后太阳和绝大多数恒星一样,通过将氢转换成氦来产生能量。

在恒星生命的晚期,核心处的氢消耗殆尽,恒星开始收缩,暂时屈服于难以阻挡的引力。随着收缩过程的进行,恒星核心的温度不断升高,直至足以使 3 个氦原子核聚变形成 1 个碳原子核(含 6 个质子),新的核聚变启动。之后,上一次核聚变的产物将作为下一次核聚变的燃料,生成新的元素。就这样,恒星的熔炉中锻就了年轻宇宙中没有的重元素。

通过太阳风,太阳可以把一些重元素抛到太空中去。但像太阳这样的恒星质量还不够大,不足以通过核聚变形成比碳更重的元素。质量更大一些的恒星可以通过核聚变合成比碳更重的元素,铁(含 26 个质子)是恒星核聚变的终极产物,合成铁也是恒星核聚变的最后一步。

63 种 这是德米特里·门捷列夫（Dmitri Mendeleev）所知道的化学元素的种数。现在这一数字是 118 种，并还可能继续增加。

铁聚集在恒星的核心，当恒星开始尝试融合铁原子核时，将面临一个很糟糕的情况，那就是铁原子核的聚变需要吸收能量——恒星可不擅长吸收能量。

由于没有新的能量来源去平衡引力，恒星在引力的作用下会迅速坍缩。坍缩引起一场巨大的爆炸，我们称之为超新星爆发。爆炸释放出的巨大能量为进一步的核聚变提供了条件，形成了铁之后一直到铀（含 92 个质子）的所有元素。

在元素周期表中，铀是自然形成的元素中最重的一种。铀后面的那些元素（即超铀元素，亦称铀后元素），一直到第 118 号元素𬭳［以俄罗斯物理学家尤里·奥加涅相（Yuri Oganessian）的名字命名］为止，都只能存在于实验室中。怎样才能制造出这些超铀元素呢？方法是将重原子核加速，使其高速撞击目标粒子，随后质子与中子将重新组合，从而可能形成一些新元素的原子。例如，在写下这段文字时，我们只在实验室中制造出了 75 个𬭼元素（第 112 号元素，以波兰天文

稳定岛

超铀元素不稳定，会发生放射性衰变。绝大多数超铀元素的半衰期较短（很多小于 1 秒），因此在自然界中无法大量稳定存在。核物理学家预测，当人类制造出第 126 号元素时，将触及一个被称为稳定岛的领域，出现一类新的具有超长寿命的超铀元素。这类元素构成的区域就好像被不稳定元素海洋包围的稳定的岛屿。

学家哥白尼的名字命名）的原子。在核物理界，制造更大质量的超重元素仍然是科学家热衷的一项"作坊式小工业"。

新的原子理论

约翰·道尔顿（John Dalton）是一位英国教师，他最开始的爱好是气象学，研究大气中化学反应是这门学科的内容之一。他于 1808 年提出了现代原子理论。

在希腊语中，atom（原子）这个单词表示"不能再分割的物质"，道尔顿同样认为原子不可分割。他提出，每一种化学元素都有对应种类的原子，相同元素的原子完全相同，不同元素的原子互不相同。在这种理论下，不同的原子组合起来就可以形成各种各样的物质，组成自然和非自然的世界。这也解释了为什么绝大多数物质都可以被分解，因为这只是原子分离的问题。道尔顿认为，到了原子层面，物质就不能再被拆分了。

道尔顿的模型解释了物质的许多以前无法解释的特征，这些特征是恒定的、可预测的并且可被认知的。以水为例，无论哪里的水分子，都由 1 个氧原子与 2 个氢原子组合而成。1 个氧原子的质量是 2 个氢原子质量之和的 8 倍，所以两种原子间 8∶1 的质量比就是水中原子组合的一个简单特征。

随着时间的推移，科学家又发现了多种化学元素。19 世纪的俄国化学家门捷列夫在编写教科书时，遇到了如何排列已知化学元素的难题。后来门捷列夫创造了现代的元素周期表来解决这个问题，元素周期表现在仍然是化学课堂的标配。在元素周期表的每行，元素从左到右逐渐变重，而同一列元素则有类似的化学性质。在最初的表格里，门捷列夫留了一些空白，他希望随着新元素的不断发现，这些空白会

Neil deGrasse Tyson ✔
@neiltyson

有一些元素不易与其他元素发生化学反应。英国人称它们为贵族气体，它们的懒惰成性就犹如元素周期表中的贵族。

💬 52　　🔁 279　　♡ 57　　　　　2011年11月4日，13:42

被填满。而后来的发现也证实了他的想法。

科学家们虽然知道元素周期表是一种有效的排列方式，但不知道它为什么有效。直到 19 世纪 20 年代，随着量子物理学的发展，人们才对这张表格有了更深刻的认识。

拆分原子

到 19 世纪后期时，科学家揭示了一个相对简洁的世界。原子不可分且种类不多，不同的原子进行不同的组合，构成了我们用眼睛能感知的世界。如果用图书馆来比喻世界，那么书本就是复杂的物质，原子是书本中的文字。

这种简洁性在 1897 年开始被破坏。英国物理学家约瑟夫·约翰·汤姆孙（Joseph John Thomson）通过实验发现了完全在意料之外的粒子——电子，这种带负电的物质成分能够很容易地从原子中脱离出来。问题在于，在道尔顿的原子理论中，原子是不可分割的，没有办法容纳电子。对于汤姆孙的实验结果，理论学家只能暂时将原子想象成一种类似葡萄干面包的事物，电子镶嵌在一种形状不定、带正电的物质中。

右页图　和道尔顿的想象不同，真实的原子是动态并且难以捉摸的，正如图中原子核及其核外电子所展示的那样。

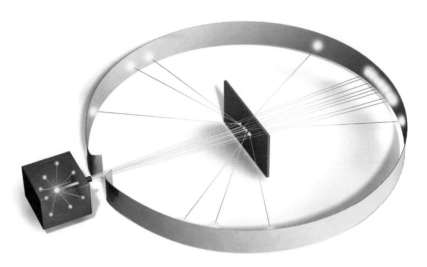

上图 图中展示的是卢瑟福散射实验。他用粒子轰击金箔，并观察粒子如何散射。结果显示，原子自身的大部分区域都是空的，绝大部分质量都集中在原子核中。

1911 年，新西兰物理学家欧内斯特·卢瑟福（Ernest Rutherford）公布的实验结果彻底终结了道尔顿的原子理论，造就了我们现在对原子的理解。卢瑟福用一束带正电的 α 粒子作为子弹，去轰击一片非常薄的金箔，然后观察粒子的散射情况。

之所以选择金来做实验，是因为这种材料有极高的延展性，可以做得非常薄，实验中用到的金箔只有几千个原子那么厚。如果原子像葡萄干面包那样，那么实验中像子弹一样的粒子束就会轻松穿过，除了有电子的地方可能会产生一点偏转。

卢瑟福在实验中发现，大部分粒子确实轻松穿了过去，也有一部分偏转了一点角度，但有大约 1/1 000 的粒子被弹了回来！就像你射击云团时，竟然发现有子弹被弹回身边，你会怎么想？你应该会猜想云团中隐藏着一种比子弹还硬的东西。

同样，只有当原子的质量集中在中心的一个小区域时，卢瑟福出人意料的实验结果才能得到解释。卢瑟福把原子中心质量集中的结构

一位不同寻常的科学家

卢瑟福是我所知的唯一一位在获得诺贝尔奖后做出自己最重要工作的科学家。他因对放射性衰变的研究获得了 1908 年的诺贝尔化学奖,这是一项很重要的进展,但与后来发现原子结构不属于同一领域。对于获得诺贝尔化学奖,卢瑟福风趣地说,我一个搞物理的怎么得了个化学奖呢,这真是我一生中绝妙的一次玩笑!

称为原子核,电子绕着原子核运动。粒子被反弹是因为正好撞到了原子核,而其他粒子只是从空旷的电子轨道中穿过。

卢瑟福将氢原子核称为 proton(质子),这一单词来源于希腊文中的 protos(第一)。但我们知道,其他较重的原子核的质量超过其所含质子的质量。比如氧原子核中有 8 个质子,但它的质量却是氢原子核的 16 倍。卢瑟福预言了另一种粒子的存在,它的质量和质子相同,但不带电,他称这种粒子为中子。1932 年,英国物理学家詹姆斯·查德威克(James Chadwick)发现了卢瑟福预言的中子。

我们再一次实现了对复杂事物的简化。宇宙是由质子、中子、电子这 3 种粒子构成的:质子和中子组成原子核,原子核与围绕其运动的电子组成了原子,原子再结合形成不同的宏观物质。

但这种简单性也不会持续太久,还有更深的物质层潜伏在我们的视线之外。

谁下令的?

质子 - 中子 - 电子这一简单的宇宙图景,被一些"从天而降"的物质破坏了。地球经常被宇宙线粒子轰击,它们中的绝大多数是质子。

这些宇宙线粒子的能量很高，足以撕裂地球大气中原子的原子核。通过检测这些碰撞产生的碎片，我们打开了一扇通往原子核内部世界的大门。

从 20 世纪初以来，通过检测粒子碰撞产生的碎片来研究原子核一直是物理学家的重要方法。美国物理学家理查德·费曼（Richard Feynman）把这种方法比作从帝国大厦上扔下一块手表，然后通过查看手表碎片来研究手表是怎么工作的。这种方法听起来很笨拙、很不精确，但你实在没有其他办法去查看手表的内部情况。

20 世纪 30 年代，物理学家设计了一种利用宇宙线的方法来实现这个目的。他们在科罗拉多州派克峰等山峰的山顶实验室里放置探测器，拦截入射的宇宙线并追踪后续反应。实验反而带来了更多的疑惑。

宇宙线实验中出现了意料之外的事物。首先是发现了一种质量和电子相同但带正电的粒子，这是反物质的第一个案例，被恰如其分地命名为正电子。之后又发现了一种很多属性像电子但质量是电子大约 200 倍的粒子，而且它们存在的时间比应该存在的时间长了很多。它们的半衰期只有 2.2 微秒，按理说不可能有足够的时间到达地球表面[①]，但科学家却在地面附近探测到了大量该种粒子。这种意料之外的粒子被命名为 μ 子，美国物理学家伊西多·艾萨克·拉比打趣道："谁下令的？"

粒子的名单越来越长。质子比电子重了 1 800 多倍，而研究人员发现了一个新的粒子分支，它们的质量介于质子和电子之间，因此被称为介子[②]，其英文单词 mesons 源自希腊语 mesos，表示"中间"。他们还发现了比质子更重的粒子，称之为超子。

---

① 相对论效应延长了高速飞行的 μ 子的寿命。
② μ 子曾经被分类为介子，实则它属于轻子。

物理学家建造了能实现可控碰撞的粒子加速器之后，不再依赖于来自太空的随机伽马射线脉冲。粒子的名单变得更长了。大多数新粒子存在的时间都非常短，以至于它们在衰变前都几乎无法从原子核的一边跑到另一边。显然，原子核并不是科学家们曾经设想的只标有质子和中子标签的成袋的弹珠，反倒像是一口包含无数短命粒子的沸腾大锅。

物理学家打开了一个全新的神秘世界。这是宇宙的另一层结构。

粒子加速器的诞生

为了研究原子核内部，我们需要非常高速的粒子去轰碎它们，也需要非常高精度的手段去分析撞击产生的残骸。宇宙线可以免费试用，但它最大的缺点就是不可控，不管是撞击的能量还是到达的时间。粒子加速器赋予了我们自由控制实验条件的能力。

20 世纪 30 年代，加利福尼亚大学伯克利分校的欧内斯特·劳伦斯（Ernest Lawrence）制造了第一台粒子加速器——回旋加速器（cyclotron），它开启了加速器的历史。

回旋加速器这样的粒子加速器依赖于基本粒子的一个关键特性：将一个带电粒子射入磁场，粒子的运动轨迹就会发生弯曲，最终形成一个圆。劳伦斯意识到，如果把一块磁铁从中间切开，在两块磁铁之间留一条窄的间隙，带正电的质子在通过间隙时，受磁力影响被加

上图　劳伦斯的第一台回旋加速器制造于 1931 年，直径不到 12 厘米。

Neil deGrasse Tyson ✔
@neiltyson

国家合作前 4 名的领域：1. 发动战争；2. 国际空间站；3. 大型强子对撞机；4. 奥运会。

💬 124　　🔁 1.5K　　♡ 421　　　　　2012年7月27日，08:16

上图　1946 年，劳伦斯和斯坦利·利文斯顿（Stanley Livingston）在校正一台新设计的同步回旋加速器（synchrocyclotron），这台设备很大，以至于只能在伯克利的校园里专门建一栋建筑来安放它。

25 美元　这是劳伦斯在伯克利制造的第一台回旋加速器的成本，大约相当于现在的 450 美元。

速，这样可以形成一束用于轰击目标的质子。劳伦斯的第一台回旋加速器可以放在手掌中，而到了 20 世纪 50 年代，伯克利的同步回旋加速器已经有运动场那么大了。

下一代粒子加速器是同步加速器。同步加速器中用的不再是单个的大磁铁，取而代之的是由一系列弯曲的磁铁组成的环形结构，环的周长以千米计。粒子沿着一条真空路径加速，磁铁的磁场强度可以随之实时调整，以将快速运动粒子保持在真空管道中。

位于瑞士日内瓦附近的大型强子对撞机是现在世界上最大的同步加速器。其名称中的强子指的是可能在原子核中找到的任何粒子。该加速器的环形真空管道长约 27 千米，为防止生活在附近的居民受到辐射伤害，它被建在了地下。

大型强子对撞机包含两个同步加速器，一个加速器中质子束做顺时针运动，另外一个加速器中质子束做逆时针运动。这两束质子会在加速器中的特定位置发生碰撞，使得正碰时可用的动能翻倍。在这些碰撞产生的"粒子喷雾"中，怀揣对宇宙物质结构永恒追求的物理学家揭示了宇宙物质的下一层结构。

夸克的到来

当科学家引入一个新的概念时，他们有两种命名策略。策略一是给一个已存在的词赋予新的意义，例如"功"这个词，它在物理学中有精确的含义，但这个概念在日常生活中的应用很少。策略二是新造一个词，物理学家在有全新发现时就是这么干的。

4 750 000 000 美元 这是大型强子对撞机的建造成本。

上图 计算机模拟的大型强子对撞机的超环面仪器实验。两束亚原子粒子被加速后碰撞，产生了阵雨般的粒子，其中一些是新粒子。图中增加了一个人形图像来示意比例。

到 20 世纪 60 年代后期，已知"基本"粒子的种类已经大幅增加。伯克利的一个物理学家团队维护着记录了公开发布的新粒子的登记簿，并定期撰写综述文章描述已知的数百种粒子的属性。物理学界的一些成员对发现新粒子这种活动已经感到厌倦，以至于一家著名物理学杂志曾宣称：如果你的文章只是讲发现了一种新粒子，请不要投稿，我们对此不感兴趣。甚至世界上第一个反应堆的制造者恩里科·费米（Enrico Fermi）也这样表示："如果我能把所有这些粒子的名字都记住，那我早就成为一名植物学家了。"物理学家对简洁性的追求却导致了一个更复杂的图景。

不过人们很快就松了一口气，因为美国物理学家默里·盖尔曼（Murray Gell-Mann）和乔治·茨威格（George Zweig）证实，如果我们再深入一层，就能解释粒子种类快速增长的问题。他们认为，所有的"基本"粒子都是由 3 种更基本的粒子组合而成的。盖尔曼给这些更基本的粒子取名为夸克，它来源于詹姆斯·乔伊斯（James Joyce）的小说《芬尼根的守灵夜》（Finnegans Wake）中的一句话——"向麦克老人三呼夸克"。

就如道尔顿原子理论中原子进行不同组合以构成不同物质那样，3种夸克进行不同组合就构成了不同的粒子。这 3 种夸克被有趣地命名为上夸克（u 夸克）、下夸克（d 夸克）和奇异夸克（s 夸克）。夸克的电荷值为分数，是电子或质子电荷的 2/3 或 1/3。

虽然后续的实验发现自然界中有 6 种夸克，但最开始取的名字还是保留了下来（《芬尼根的守灵夜》也没有进行修订）。最开始时，科学家在自然界中全力寻找自由夸克，并试图在粒子加速器中产生自由夸克。当这些搜索都失败后，理论学家意识到，一旦夸克被困在粒子中，它就会被永远锁住，这就是"夸克禁闭"现象。也就是说，夸克不会单独存在。

接下来是什么？

下一个大型粒子加速器项目是国际直线对撞机（ILC）。顾名思义，这台设备将在长直管道中加速电子和正电子，它们在能量达到最大时迎头相撞。该设备的长度约为一次全程马拉松的距离。目前关于其建造费用还没有确切估算。

夸克禁闭的原理是这样的：就像拉伸橡皮筋那样，当我们要分开2个夸克时，需要向这个系统输入很大的能量；根据爱因斯坦的质能方程 $E = mc^2$，能量与质量之间可以相互转换，破坏夸克间联系所需的

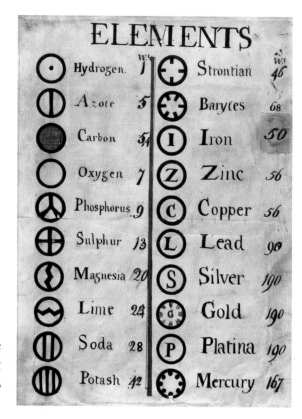

右图　1800 年左右，英国化学家道尔顿估算了已知元素的质量，并根据质量对已知元素进行了排序。

能量，正好可以生成 2 个新的夸克；新夸克与原来的 2 个夸克配对，又组成 2 对禁闭的夸克。这样，我们始终没办法获得单个的夸克。

今天，6 种夸克是物质结构理论的基础，标志着我们对自然界的探索所能到达的最深的一层。但依旧存在一个不可避免的问题：还有更深的一层吗？

粒子物理词汇表

一旦关注基本粒子，你就会遇到很多奇奇怪怪甚至有些异想天开的名字，但我们向你保证，这些名字虽然奇怪，但它们都是完全科学的：

- **强子**：意思是直接参与强相互作用（而且能够单个存在）的粒子，指数百种在原子核中出现的任何粒子，包括重子和介子。
- **重子**：意思是重的粒子，指强子中那些由 3 个夸克组成的粒子，最常见的重子是质子和中子。
- **介子**：意思是中等质量的粒子，指强子中那些由夸克 – 反夸克对组成的粒子。
- **轻子**：意思是参与弱相互作用的粒子，是一种通常不在原子核内的基本粒子。我们最熟悉的轻子要数电子。轻子一共有 6 种：电子、2 种同样带电但质量更大的粒子以及 3 种不带电的中微子。
- **中微子**：意思是很轻的中性粒子，这是一种几乎没有质量的不带电轻子。恒星内部的核反应会产生大量中微子，探测中微子一直是现代天体物理学的一项主要工作。一共有 3 种中微子，分别与前面说的另外 3 种带电轻子一一对应。

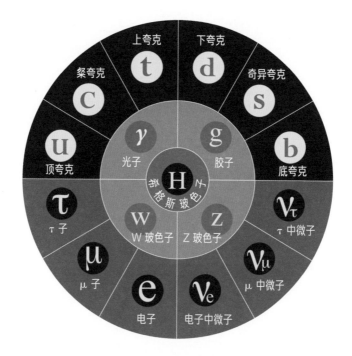

上图 今天的元素周期表中有近 120 种元素，我们可以用组成元素的亚原子粒子来构建一张更简洁的图表。这些关系都是通过实验观察到的。

■ **上夸克与下夸克**：组成质子和中子的夸克。

■ **夸克的颜色**：夸克的这个性质与电荷类似。每个夸克都可以呈现为 3 种色荷中的任意一种，一般以红、绿、蓝来表示（仅用来指代属性，与视觉上的色彩无关）。在光谱中，这 3 种颜色的光组合在一起就会形成白光。夸克要组合成粒子，需要满足各个夸克的色荷加起来为白色。

■ **夸克的味**：用于区别夸克的种类，比如上夸克和下夸克有不同的味。

■ **胶子**：胶子是传递夸克之间强相互作用的粒子，这种力将夸克束缚在粒子中。和夸克一样，胶子也具有色荷。

■ **奇异数**：奇异夸克的一种性质，与电荷类似。它产生的效应是使含这种特殊夸克的粒子衰变速度变慢。

■ **粲数**：一种与奇异数具有相同效果的特性，但只存在于粲夸克（c夸克）中。

■ **底数和顶数**：与奇异数和粲数有相同效果的特性，但只存在于底夸克（b夸克）和顶夸克（t夸克）中。

还有更多的层级吗？

夸克真的是宇宙中最基本的结构吗？我们真的已经触及宇宙的"0"和"1"了吗？理论物理学家致力于回答这个最前沿的问题。如果确实还有下一层，那么弦理论和圈量子引力将引领我们进入下一层。

弦理论

顾名思义，这种理论认为自然界的基本单元不是点粒子，而是一维的弦，弦的不同振动模式对应了不同种类的粒子。这些弦的尺度很小，只有原子核的 1 000 万亿分之一。但大小不是弦理论真正的问题所在，要使这种理论有数学意义，弦必须在 10 个或 26 个维度上振动。

我们生活在一个四维的世界里。回忆一下你上次约朋友见面时的情况，你或许会说："我们在曼哈顿中心第 5 大道和第 34 街转角处的帝国大厦 86 层碰头。"这个描述包含了 3 个坐标（海拔、经度和维度），或者说 3 个维度。但只凭借这 3 个数字还不足以见到你的朋友，你还需要确定见面的时间，这是我们世界的第四维。

假如要在十维的弦宇宙中组织一场会议，你必须给出 10 个坐标。但我们生活在其中的 4 个维度里，剩余的维度太小而被忽视。

比如，如果你在很远处观察浇水用的软管，你容易看到的是软管的长度。这样，远距离看软管时它便是一个一维的物体。靠近观察后，你会发现软管实际上是一个三维的物体，不过与长度相比，它的另外2个维度很小。同理，理论学家认为，只有当我们用比现今可用的能量高得多的能量去探测弦时，我们才能发现弦的其他维度。弦在多维空间中进行的多重振动在四维空间中表现为我们所看到的粒子。

圈量子引力

这种方法的关注点不在夸克的结构上，而在于时空自身的结构上。在绝大多数理论中，时空只是事情演化时恒定不变的背景，就像戏剧上演时的舞台。但当尺度足够小时（或者说在能量非常高的状态下），理论学家认为，空间和时间将变成颗粒化或量子化的。在这样的尺度下，空间的结构就像锁子甲那样，由一个个小圈环环相扣。在这种模型里，粒子相互作用不是发生在空间中，而是与空间发生相互作用。

弦理论和圈量子引力论有两个重要的共同点：

■ 两者都声称是解释宇宙结构的终极理论——物理学家称之为"万物理论"。

■ 这两种假设都没有实验证据支撑。

关于宇宙由什么构成这个问题，我们的理论和实践都已经到了现在的极限。但现在的问题比刚开始提出这个问题时更多。

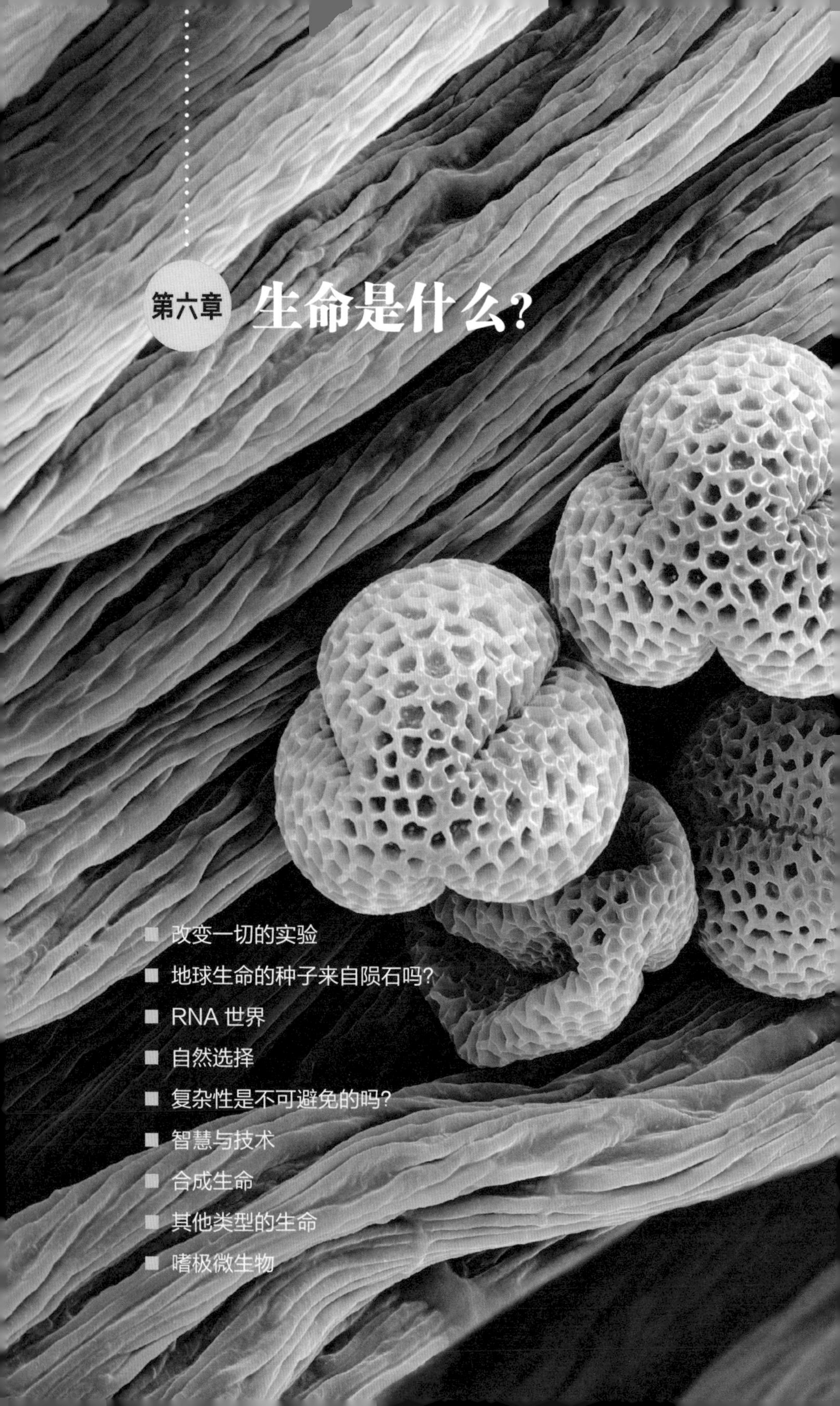

第六章 生命是什么?

- 改变一切的实验
- 地球生命的种子来自陨石吗?
- RNA 世界
- 自然选择
- 复杂性是不可避免的吗?
- 智慧与技术
- 合成生命
- 其他类型的生命
- 嗜极微生物

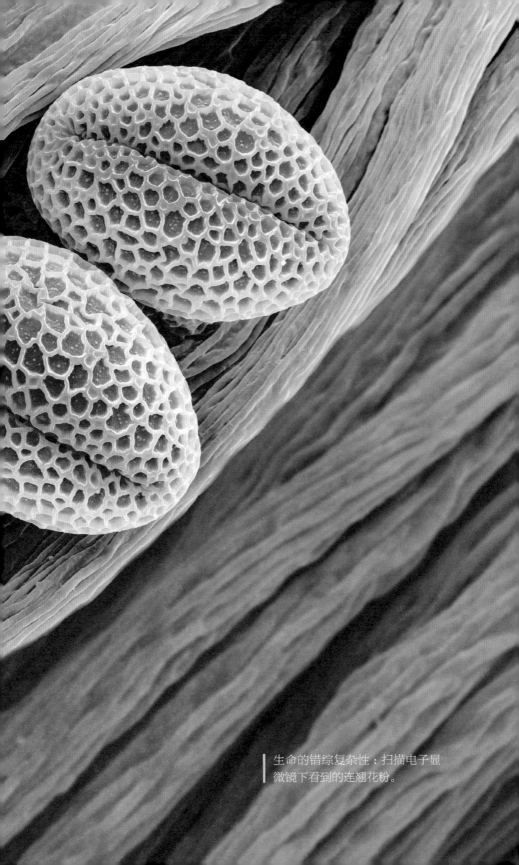

生命的错综复杂性：扫描电子显微镜下看到的连翘花粉。

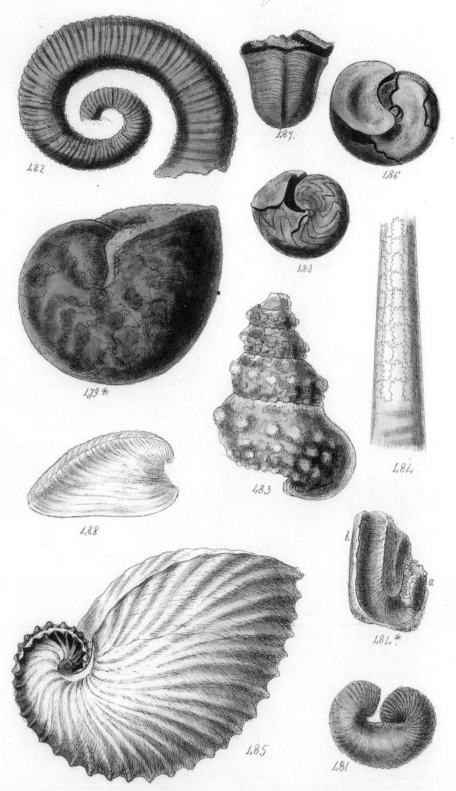

Fig 179* to 188.

182.

187.

186.

180.

179*

184.

183.

188.

184*

185.

181.

如果我们想要在宇宙中的其他地方找到生命，首先我们应该对地球上的生命有一些了解。但老实说，即使是最有经验的生物学家，也很难对生命给出一个清晰的定义。从现代科学的角度来说，生命是一个不断演变的概念，从科学上理解生命目前还是研究的前沿领域。

目前人们对生命有3种截然不同的定义方式 :（1）列表型定义，（2）历史型定义，（3）热力学定义。

列表型定义

翻开任何一本生物学教科书，你都可能会发现生命被定义为一系列特征的集合，结论是任何拥有所有或大部分这些特征的东西都是生命。这个列表中的特征可能包括由细胞组成、具备环境适应能力、具备繁殖能力等。

显然，这种列表中所列出的特征是以地球生命为基础总结出来的，

左页图　一本19世纪的手册中绘制的贝类和贝类化石，在它们的轮廓中都有着优美的曲线和螺旋线特征。

对于地外生命可能并不适用。假如你要来刻意找碴，总能从这类列表中找到破绽。

历史型定义

1994 年，美国国家航空航天局成立了一个专家组来尝试给出生命的定义。他们最终给出的结论是：生命是一个自我维持的化学系统，能够进行达尔文演化，也称为自然选择式的演化。而地球上所有的生命都被认为是从海洋中出现的第一个细胞演化而来。

我们再一次对地球上的生命有了一个明确的定义，但没有办法将其扩展到其他星球。

热力学定义

热力学第二定律指出，一个有序的系统，如果任由其自然发展，它总是会演变成无序的状态。因此，一个高度有序的冰块系统将融化成一摊液态水，液态水是一种高度无序的状态。

但生命系统显然处于高度有序的状态。想象一下，如果将你体内的所有细胞随机重组，你会变成什么样子。尽管如此，就像冰块可以在冰箱（依靠电力维持运转）中保持其形状一样，生命系统只有在获得能量的情况下才能维持高度有序的状态。因此，生命的热力学定义是一个通过能量流维持有序状态的系统。

改变一切的实验

到了 19 世纪末，科学家们已经放弃了他们对生命的许多陈旧的错误观念，取而代之的是他们接受了一些新的错误观念。无论如何，再也没有人相信生命的自生论了，这种理论认为生命可以简单地从非生命物质中自然产生。随着这种观点成为过去,疾病细菌说也由此诞生,这一学说将在医学领域掀起一场革命。我们很快就认识到,生命是基于化学的,正如德国生物学家鲁道夫·魏尔肖(Rudolf Virchow)的名言"cellula e cellula",即细胞皆源于细胞。

但有一个问题仍然没有解决,即生命本身是如何起源的? 如果所有细胞都来自其他细胞,那么第一个细胞来自哪里? 在生命物质和非生命物质之间,仿佛横亘着一道无法逾越的鸿沟,看不到任何跨越它的可能。简单地说,在生命系统中发现的分子比在非生命系统中发现的分子要复杂得多,它们之间的联系依然是一个谜。因此,生命起源的问题留给了哲学家,特别是神学家,而大部分科学家都回避这个问题。

但1952年在芝加哥大学一个地下实验室进行的简单实验改变了这种情形。诺贝尔奖获得者哈罗德·尤里(Harold Urey)和他的研究生斯坦利·米勒(Stanley Miller)搭建了一个模拟早期地球化学环境的装置。

在这个装置里,一个巨大的球形烧瓶里装着水来代表海洋,电火花模拟闪电,作为能量来源,同时对装置加热来模拟太阳的热量。他们用当时被认为存在于地球早期大气中的水蒸气、甲烷、氨气和氢气等气体充满烧瓶,它们的化学式分别为 H_2O、CH_4、NH_3 和 H_2。

在实验装置运行了几个星期后,米勒和尤里注意到水变成了浑浊的棕褐色。化学分析表明,其中含有氨基酸分子,这是在生命系统中进行化学反应的复杂蛋白质的基本成分。换句话说,米勒和尤里的原始装置似乎从简单分子开始(这些分子显然不是生命系统的一部分),产生了生命系统特有的复杂分子。生命物质和非生命物质之间的鸿沟看起来至少有一部分已经被弥合了。

尽管米勒和尤里的实验是科学史上的一座里程碑,但这个实验并

上图 米勒站在 1952 年他与导师尤里用来模拟早期地球化学环境的实验仪器前，当年他们试图用其产生生命所必需的分子。

不算完美。他们当时所认为的最接近早期地球大气组成的化学成分，后来被证实其实是错误的，他们应该使用氮气和二氧化碳，而不是甲烷和氨气。不过事实证明，这并不是一个致命错误。在数代研究人员前赴后继的努力下，后续实验在各种不同的条件下都再现了米勒和尤里的实验结果，不仅如此，实验产物中甚至还出现了更多的复杂分子，包括 DNA（脱氧核糖核酸）。此外，在陨石（小行星和彗星在穿过地球大气后的岩石和金属残留物）甚至星际气体云中都发现了氨基酸和其他有机分子。大自然有办法制造出大量构成生命的分子材料——部分原因是这些分子中所包含的原子在宇宙中的含量极其丰富。

现在，这道鸿沟似乎不像1个世纪前那么宽了。

地球生命的种子来自陨石吗？

自20世纪中期以来，科学家们就知道陨石中含有氨基酸，它是生命的基础分子。研究人员研究了坠落在地球各大洲的陨石，其中的最佳样本来自南极洲，在那一片白茫茫的环境中，陨石黑色的外观十分显眼，而且没有受到人类文明的干扰。研究过这些陨石的天体化学

上图 陨石可能给我们的星球带来生命的种子吗？如图所示，大约40亿年前，地球和月球曾经受到太空陨石的频繁轰炸。许多陨石中含有生命的重要基石——氨基酸。

家认为，这些来自太空的氨基酸可能形成于数十亿年前太阳系诞生时，它们藏在陨石内部搭了趟顺风车，最后来到了旅行的终点——地球。

许多科学家认为，在大量陨石的帮助下地球上才出现了生命，它们在地球上撒下了生命的种子。

南极洲的陨石除了更容易被发现，另一个优点是它们所处的冰质环境几乎就是其来到地球时的原始状态。当研究人员将周围冰中的氨基酸与陨石中的氨基酸进行比较时，发现它们并不一样——这是证明陨石中的氨基酸并非来自周围冰质环境污染的强有力证据，它们是在太空中被锻造出来的。

但是我们怎么知道这些氨基酸是数十亿年前形成的呢？

在2007年之前，科学家只能研究那些在落到地球上的极少数珍贵的陨石，因为通常来说，小行星和彗星的绝大部分物质在经过地球大气的过程中都被燃烧殆尽了。然而，美国国家航空航天局的星尘号探测器（Stardust，有史以来第一艘携带彗星样本返回地球的航天器）最终使科学家能够研究这些太空岩石的原始成分。彗星是一种古老的冰质天体，不受地球表面侵蚀和腐蚀的影响，能告诉我们太阳系是如何形成的，以及在此过程中可能形成了什么样的有机分子。彗星可以用来研究太阳系最早期的形态，它们将当时的有机分子冷冻起来，在柯伊伯带和奥尔特云的遥远轨道上保存了数十亿年。

然而，当彗星靠近太阳时，冰变成气体的速度加快，在其轨道上将古老的尘埃颗粒释放，这些尘埃颗粒是我们从地球上看到的彗尾的

右页图　陨石潜伏在南极洲蓝色冰碛①上的原生岩石中。作为彗星和小行星碎片中受污染最少的样本，这些冰冷的岩石中可能隐藏着关于地球生命甚至地外生命起源的线索。

———————

① 由冰川携带并最后沉积下来的砾石、石块等的堆积。

一部分。星尘号探测器穿过怀尔德 2 号彗星的彗尾，收集了尘埃样本，然后其返回舱携带样本返回地球。研究结果毫不出人意料，研究人员在带回的样本中发现了氨基酸。

数年后，欧洲空间局的罗塞塔号探测器（Rosetta）同样在另一颗彗星丘留莫夫 – 格拉西缅科的彗尾中检测到了甘氨酸（最简单的一种氨基酸），支持了星尘号的发现。

RNA 世界

到底是先有鸡还是先有蛋呢？

这个经常被用在谜题中或拿来逗小孩儿的古老问题，在生命起源中有着特殊的意义。维持生物体存活的化学反应是由一种叫作酶的复杂分子控制的，酶的作用是加速机体内进行的化学变化，酶由蛋白质组成[①]。控制蛋白质生产的代码就包含在 DNA 中。

DNA 就像工厂办公室里的一套说明书。为了按照这些说明书来生产生命所需的物质，其中所包含的信息必须送到实际生产这些物质的工厂车间里，这项信息输运的工作由一种叫作 RNA 的分子来完成。DNA 中也含有制造 RNA 的指令。

那么问题来了：为了制造控制生命化学性质的酶，我们需要RNA；但要制造 RNA，我们需要对 DNA 中包含的指令进行解码，而解码本身又是一个由酶控制的化学过程。制造 RNA 需要酶，制造酶又需要 RNA。

于是我们回到了本节一开始的问题：到底先有鸡还是先有蛋？

20 世纪 80 年代初，美国生物化学家托马斯·切赫（Thomas Cech）

---

① 绝大多数酶是蛋白质，少部分酶是 RNA 或 RNA 与蛋白质的复合体。

Neil deGrasse Tyson ✔
@neiltyson

我为自己身为智人而感到自豪。刻在 DNA 中的好奇心不断激励我们去探索，哪怕这种探索会危及自身的存在，我们也在所不惜。

💬 215　　🔁 3K　　♡ 4.8K　　　　2014年11月1日，16:40

和西德尼·奥尔特曼（Sidney Altman）发现了解决上述"鸡与蛋"问题的可能途径，并因此共同获得了 1989 年诺贝尔化学奖。他们发现某些类型的 RNA 可以在化学反应中充当酶！如果这些类型的 RNA 中有

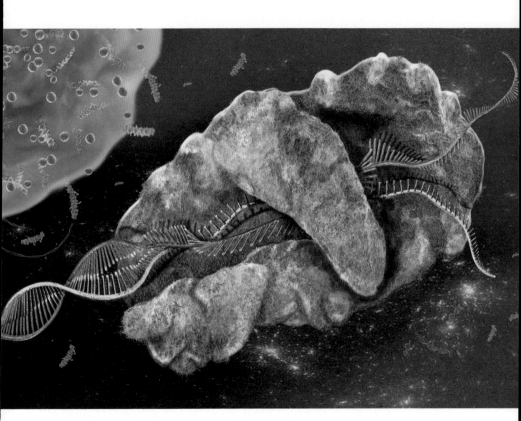

上图　DNA 双链解旋示意图。DNA 解旋并进行转录，以产生 RNA（核糖核酸）。图中还显示了细胞核（左上角），它提供了该过程所需的核酸片段

一种在类似米勒－尤里实验的环境中产生，那么它就可以作为控制相应化学反应的酶，同时其中也包含了自我复制以及最终产生普通蛋白酶的指令。

在这种情况下，这些特殊类型的 RNA 将成为最先产生的复杂分子，最终导致了细胞的产生。

这种 RNA 世界学说虽然得到了生物化学家的广泛支持，但并不是生命起源的唯一假设。例如，有人认为，黏土矿物可能在其表面通过电荷来排列分子以取代酶的作用。还有人认为原始细胞可能根本没有使用酶，而是进行一种简单的化学过程，在没有酶的情况下也能代谢。

尽管大家观点不一，但所有人的共识是：第一个细胞不论是如何出现的，都永远改变了地球。

自然选择

我们现在对于将生命必需的基本元素组合起来的生化过程已经很清楚了，知之甚少的主要在于原始细胞（一种能够进行化学反应并自

"适者生存"

在达尔文《物种起源》(*On the Origin of Species by Means of Natural Selection, or the Preservation of Favoured Races in the Struggle for Life*) 的初始版本中，并没有"适者生存"(survival of the fittest) 这个短语。该短语是英国社会学家赫伯特·斯宾塞 (Herbert Spencer) 在阅读达尔文 1859 年出版的著作后首次提出的。《物种起源》的第 5 版将其收录，此后它就成了被大家熟知的自然选择这一概念的代名词。

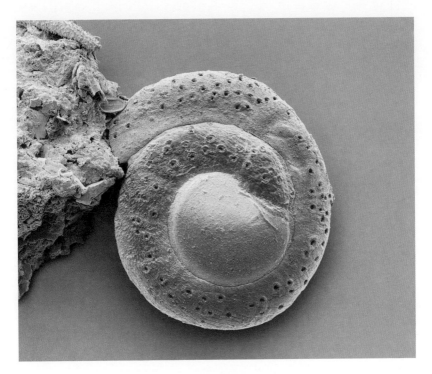

上图　大约有 4 000 种有孔虫（一种单细胞海洋生物）遍布在世界各地的海洋中。它们 5 亿年的化石记录揭示了在自然选择推动下物种的演变。

我繁殖的有机体）是如何诞生的。一旦原始细胞出现，一种被称为自然选择的新过程就开始了，它使得原始细胞在漫长的时间里逐渐演化为我们今天在地球上看到的丰富多彩、复杂精妙的各种生命形态。

　　世界上孤独的第一个细胞能够从环境中吸收分子，进行化学反应，并自我繁殖——也许正是通过前面描述的 RNA 方法。它们以可利用的环境资源为食，最终，地球上将充满这些原始细胞。

　　环境中的某种因素，例如辐射、热量或化学物质，会改变细胞中的某个分子。这种改变是不可避免的，迟早会发生，我们称之为突变。通常情况下，突变会削弱细胞，使其无法繁殖。然而，偶尔的突变会赋予细胞更有效利用环境资源的能力，使其相对其他细胞占优势。更重要的是，突变细胞可能会比其他细胞的繁殖能力更强。这种突变细胞在繁衍的过程中将优势特征遗传给所有后代细胞。最终，整个细胞群体都拥有了相同的优势突变分子。这就是我们所说的自然选择过程。

自然选择促成并推动了生物多样性。虽然风暴可能会将一些细胞吹到北极水域，但其他细胞仍留在热带，不同的环境有利于不同类型的突变。只要时间足够长，最终我们就可以在不同的地方发现不同种类的细胞。

自然选择是一个简单且合乎逻辑的过程，可以预见，这一过程在与地球环境截然不同的星球上也会发生。当然，这并不意味着自然选择的结果会是一样的，系外行星上肯定会产生有利于在那里的环境中生存的不同类型的突变。例如，一个比地球引力强得多的大型岩质行星可能更青睐矮小、蹲伏形态的物种。一个被潮汐锁定①的行星也将孕育完全不同的生命形式。由于该行星朝向其母恒星的一侧永远处于白昼之中，始终被母恒星辐射的热量加热，因此这类行星上会有强烈的大气流动（如果有大气的话），也就是会有非常强烈的风，而这种风是由行星表面极其不均匀的热量所驱动的。这种情况可能有利于在空气动力学上具备优势的生命形态，它们更加适合在这种极端的环境中生存、移动和寻找食物。

复杂性是不可避免的吗？

地球在诞生后最初的 25 亿年里，是一个异常乏味的地方。彼时的一名外星访客会发现一个沿海岸线分布着蓝绿色黏液的海洋世界，这

---

① 即某个天体绕另一个天体公转的周期与其自转周期一样，因此其始终以同一面朝向对方，比如月球就始终以同一面朝向地球。

Neil deGrasse Tyson ✔
@neiltyson

在每次想要发点什么之前，我都要酣吸含 78% 氮和 21% 氧的鸡尾气。这真是万试万灵的长生不老药。

💬 383 　 ⟲ 4K 　 ♡ 10.9K 　 　 2016年3月9日，16:04

些光合物质由单细胞微生物组成，它们的结构简单、原始，甚至没有细胞核，只有游离在细胞壁内的 DNA。

在大约 20 亿年前，一个大细胞吞噬了一个小细胞，这两个细胞发现它们作为一个整体协同工作要比分开时效率高得多。这种互惠互利的关系被称为共生，它使生命朝着我们今天在各种生物身上看到的复杂性方向发展。

在另一个关键事件发生之前，海洋黏液继续演化了大约 10 亿年。大约 10 亿年前，一组细胞发现，如果它们不再以孤立的个体形态运作，而是结合在一起，以一种分工协作的方式运作，就可以更加高效地繁衍生息。

最初的多细胞生物是简单的，但其诞生历史的复杂性类似于美国的现代州际公路系统。这取决于各种配套技术的支持：有人要制造和销售汽车，有人要生产和分销汽油，有人必须铺设路面，不一而足。

无论如何，我们知道，公路系统不是突然出现或者凭空出现的。现代的道路通常始于狩猎形成的小径和人行小道。随着时间的推移，它们变成了未经铺装的货运路线。后来，像亨利·福特（Henry Ford）这样的人出现并制造了汽车。渐渐地，车辆越来越多，道路的铺设一点点完善，一座座加油站拔地而起。现代州际公路系统在一步步演变中逐渐形成并完善，这些演变或大或小，生命的演化也同样如此。

智慧与技术

技术是智慧的产物。当我们致力于把科学知识用于特定的目的时，再加上一些聪明的工程师，就得到了技术。

技术是发明轮子来运输重物，是用篝火烹饪食物，是用智能手机与朋友保持联络……

人类技术的诞生和演化需要两个"前体"：复杂细胞和多细胞生物。这两种生命形态每一种都花了超过10亿年的时间才出现在地球上，这种演化上的困难意味着，智慧生命和高等级文明在宇宙中可能不像我们希望或预期的那样普遍。

产生高度复杂的行为并不需要太大的脑容量。例如，头很小的蜜

上图　一只印度尼西亚椰子章鱼沿着海底爬行，它用触角夹着贝壳，以便遇到威胁时可以迅速藏身其中。

Neil deGrasse Tyson ✔
@neiltyson

依我之见，章鱼如果想把一个人锁在屋里，只需要设计一扇同时转动三个把手才能打开的门就行了。

💬 2.7K　　🔁 16.1K　　♡ 93.1K　　2018年10月30日，21:38

蜂会跳数学上很复杂的摇摆舞来向同伴传达远处食物源的位置。普通章鱼有着很原始的大脑，但它们可以在迷宫中穿行，并且通常都能逃脱出来——我们不要忘记，它们主动地、独立地控制着八条腕。

但目前还没有一张通用的图表来比较地球上各种动物的大脑及其智力水平。根据定义的不同，智慧生命可能出现在生命演化的早期。即使是最原始的行为，比如发现和逃离捕食者，也会带来演化上的优势。但是，如果智慧对生存如此重要，那么为什么我们会因为通过自己智慧所创造的东西而面临灭绝的风险呢？

智慧是否总是可以产生技术？毕竟，恐龙统治地球超过2亿年，但据我们所知，它们从未用过篝火，从未提出过广义相对论，也从未观看过网飞（Netflix）的电视剧。如果不是6 500万年前一次偶然的小行星撞击毁掉了它们对地球的统治，它们肯定会在地球上繁衍更长的

细胞器

在人类和其他多细胞生物中的细胞中，能够发现被称为细胞器的复杂内部结构，每个细胞器都被认为是生命演化过程中共生事件的结果。细胞的DNA包含在被称为细胞核的细胞器中，细胞的能量产生于被称为线粒体的细胞器中。每种细胞器都具有不同的功能，细胞需要所有这些功能才能维持生存。

时间。我们可以想象，或许在宇宙中有无数的星球依然被恐龙统治，它们的运气比地球上的恐龙好得多。

合成生命

我们熟知的生命以化学为基础，封闭在一个流体环境中，但这种生命形式是否只是通向另一个世界的中转站呢？如果有机生命演化的终点是创造另一种超越现今生物的生命形式——一种从现代计算机演化而来的生命形式，那该怎么办？一些科学家和未来学家在预测人类演化的轨迹时，认为这种情形不仅仅是可能的，而且是不可避免的。科幻小说家巧妙地将其称为"硅人"，因为硅芯片是晶体管的主要成分，而晶体管又是现代计算机的主要工作部件。

20 世纪六七十年代，美国工程师、英特尔公司联合创始人戈登·摩尔（Gordon Moore）基于计算机技术的飞速发展，做出了一个非常有先

回形针世界

牛津大学哲学家尼克·博斯特罗姆（Nick Bostrom）提出了一个有趣的思维实验。他假设人类设计了一个机器人，它的既定目标是从环境中获取材料并制作尽可能多的回形针。那么接下来，这台机器在工作过程中会越来越高效地制作回形针，最终导致整个地球都只剩下回形针。这个机器人其实并无恶意，它并不恨你，它只是需要你体内的原子来制作回形针而已。

或者更积极地说，正如计算机先驱丹尼·希利斯（Danny Hillis）和其同事在他们的公司思考机器（Thinking Machines）的宣传语中所说："我们正在制造一台会以我们为荣的机器。"

Neil deGrasse Tyson ✔
@neiltyson

我发现一件非常不公平的事，那就是人类总是用自己的特长而不是动物的特长为标准来衡量动物的智力水平。

💬 891 ⟲ 13.9K ♡ 48.5K 2017年2月10日，11:29

见之明的预测，也就是大名鼎鼎的摩尔定律。他预测：芯片上晶体管的数量（或者说计算机的性能）将每 2 年翻一番（后来这一时间减少到 18 个月）。

上图 罗密欧（Romeo）是一个可自主编程的人形机器人，可以行走、爬楼梯和抓取物体，并且正在学习根据人的面部特征估测年龄和辨别情绪。

摩尔定律与万有引力定律不同，它不是一种自然定律，但在过去半个世纪里，它所预测的结果被证明是极其准确的，晶体管的尺寸确实越来越小。电脑曾经有冰箱那么大，现在已经可以放在我们的手掌上。今天的晶体管已经如此之小，以至于它们很快就会与物理定律施加的基本限制相抵触，它们不能再小了。

美国未来学家雷·库兹韦尔（Ray Kurzweil）预言，我们最终将通过发展超越硅芯片的技术来突破摩尔定律的物理极限，从而继续以指数级的速度改进计算机技术。实现库兹韦尔预言的一项主要技术支撑是快速发展的量子计算机技术。量子计算机可以利用量子纠缠将复杂的算法简化为最简单的运算，解决同样问题所需的运算时间只是普通计算机的零头。

全世界的计算机工程师正在进行一场"军备竞赛"，争分夺秒地完善这项技术。如果计算机继续按照摩尔提出的指数增长轨迹发展，那么 20 年后，它们的功能将比现在强大 1 000 倍，30 年后，将比现在强大 10 亿倍。

照此发展，我们不得不考虑这样的情况，当机器的智慧与人类相当并超越人类时会发生什么呢？更重要的是，如果机器变得拥有自我意识并能够进化，那时会发生什么？我们是否应该把这些机器当作生命？我们应该这样做吗？

这种假想的情况被称为奇点，一个从数学和天体物理学中借来的词，意指一个无法定义或预测的特定点。奇点也是黑洞中心的名字，在那里所有已知的物理定律都会失效。与科学上的奇点一样，我们对此不做任何结论，也回避任何基于证据的预测。在这里，只有假设占主导地位。

科幻小说中有大量人造系统的实例。想想电视剧《星际迷航：下一代》（*Star Trek: The Next Generation*）中的机器人"数据"（Data）和

Neil deGrasse Tyson ✔
@neiltyson

依我之见，只要我们不把情感编入机器人的程序中，我们就无须担心机器人会统治世界。

💬 986　　🔁 2.8K　　♡ 4.4K　　　　　2014年8月8日，23:29

《星际迷航：航海家号》（*Star Trek: Voyager*）中的全息投影"医生"（The Doctor），或者电影《终结者》（*The Terminator*）中的同名角色"终结者"机器人，又或者经典影片《银翼杀手》（*Blade Runner*）中的复制人。如果我们遇到这样的实体，我们会认为他们的行为可以使其被认为是生命吗？还是我们会认定他们只是被制造出来的，而不是生命？

在我们看来，人类最有可能遇到的人工生命形式是所谓的冯·诺依曼探测器。这些探测器以匈牙利裔美国数学家约翰·冯·诺依曼（John von Neumann）的名字命名，指的是先进文明向附近系外行星发射的小型智能探测器。在到达目标行星后，探测器将开始对该行星进行可居住化改造，并在发送它们的先进文明的成员到达该行星之前建设必备的基础设施。顺便说一句，冯·诺依曼探测器在目标行星着陆后所做的第一件事，就是利用该行星上的自然资源复制自己的多个副本，然后将其发射到更遥远的系外行星上。稍微计算一下，你就会发现这些探测器访问的系外行星的数量将呈指数级增长。因此，冯·诺依曼探测器可以被认为是一股席卷银河系的殖民浪潮——无论发射它们的先进文明是否幸存，这股浪潮都将继续扩张。

其他类型的生命

据我们推测，自然界的几个基本原则限制了地球上的生命形态。

Neil deGrasse Tyson ✓
@neiltyson

我敢说，无论何时，当我们被动物的行为震撼时，那只是因为我们之前低估了它们的智力而已。

💬 246   🔁 5.9K   ♡ 10.6K   2015年8月24日，11:12

温度和时间是其中的两个组成部分，它们内在联系非常紧密。

除了少数例子，地球上绝大部分生命生活的环境温度都介于水的沸点和冰点之间。如果将生命置于温度过低的环境，它就会冬眠或死亡，而将其置于温度过高的环境则相当于一场彻底的谋杀。

但原则上，生命是可以超脱以上限制的。如果真是这样，它将与我们曾经想象过的生命形式都不一样。

那么温度和时间有什么关系呢？对于在某个温度下以一定速率进行的化学反应，平均来说，如果温度降低 10 摄氏度，那么化学反应的速率会降低为原来的一半。这就是为什么食物放在桌上几天就会变质，而放在冰箱冷藏室里可以保存几个星期，如果将其放在冷冻室里，甚至保存几个月都没问题。毕竟，食物腐败变质的过程涉及那些我们并不愿意看到的化学或生物反应。在土星的卫星土卫六上，温度徘徊在零下 180 摄氏度的水平。这个温度足以将水永久冻结在基岩中，并使气态甲烷液化，形成甲烷雨、甲烷河及甲烷湖。

生命一定需要液态水吗？还是只需要液体？

土卫六上的温度意味着，任何在地球上只需要 1 分钟就能完成的代谢过程，在土卫六上都需要好几个月的时间。在如此低的温度下，

右页图　2005 年，卡西尼号探测器上搭载的子探测器惠更斯号（如图所示）到达土卫六，科学家认为土卫六上可能有生命存在。这是人类发射的探测器首次在外太阳系成功着陆，惠更斯号向地球传输数据的时间持续了 72 分钟。

如果一种生命需要数月或数年的时间才能完成一次呼吸，我们还能发现它是活着的吗？或者我们会把它看作无生命的物体吗？

与上述低温情况相反，高温促使粒子运动加剧，这意味着复杂分子之间的碰撞会猛烈到足以破坏分子结构。因此，我们并不指望可以在熔岩中发现生命。

地球上的温度使我们目前理解中的生命能够在几秒钟、几分钟的时间尺度上运作——想想呼吸一次或脉搏跳动一次需要多长时间。换个视角，我们之前提到的由人工合成的生命，可能在更快的时间尺度上运作，因为它们可能不像我们所知的地球上脆弱、对温度敏感的有机生命形式那样，受到各种限制。

嗜极微生物

虽然我们并不指望生命可以在熔岩或冰冷的甲烷湖中大量繁衍生息，但我们已经知道，有些微生物不仅可以在黄石国家公园的温泉中生存，甚至存在于安第斯山脉干旱、高盐、高海拔的盐滩等地的沸水中，而且还更适应这些极端环境。

在这种致命环境中繁衍生息的生物被统称为嗜极微生物，字面意思是"喜欢极端"。这些生物可以在特殊的条件下繁衍生息，如异常高温或异常低温、强酸或强碱、高压或低压。我们在地壳深处以及海洋最深处和最黑暗的地方都发现了嗜极微生物，那里的压强是海平面处的 1 000 多倍，相当于每平方厘米上放置超过 1 吨的重物。

例如，被昵称为水熊、熊虫或苔藓小猪的微小缓步动物，已经证明自己是所有嗜极微生物中最坚不可摧的。这些水生动物有 8 条腿（外表集毛骨悚然和可爱于一体），可能是迄今为止人类发现的最顽强、最坚韧的生命形式。随便把它们丢在哪里，它们都可以生存，甚至可以进行太空旅行。

2007 年，欧洲空间局在一个太空舱外绑上了缓步动物，太空舱在近地轨道上运行了 12 天。令人惊讶的是，暴露在太空的极端真空和宇宙辐射环境中的缓步动物竟然在这段旅程中幸存了下来。

然而，更值得注意的是，缓步动物能够在无水环境中生存数十年。当人类和大多数其他生物缺水时，细胞中的酶和 DNA 会迅速萎缩，导

上图　在冰冻的极地湖泊、滚烫的热液喷口，甚至高剂量辐射的环境下，都发现了缓步动物的踪迹。这些发现使我们对地球上生命的定义不断扩展，也使我们寻找地外生命的环境限制更加宽松。

热液喷口

1977 年，海洋地质学家罗伯特·巴拉德（Robert Ballard）惊讶地说："等一下，那是什么？"当时他正在加拉帕戈斯的一艘研究船上，查看在深海漫游的无人潜水器传来的照片。事实证明，他目睹了世界上第一张热液喷口的照片——这一发现将颠覆我们对地球上生命的理解。

热液喷口出现在地球构造板块交会的海底裂缝处。海水渗入裂缝后与地下的熔岩混合，最终形成富含各种化学物质（包括矿物质）的热液，然后高速喷出，温度可达 370 摄氏度。热液中富含的硫和二氧化碳等物质对大多数动物来说是有毒的，但事实证明，这看似极端的环境中却孕育着生命。

海底曾经被认为是一片贫瘠的荒漠，没有阳光、温度接近冰点、承受着巨大的压力，但现在却被认为是一个繁荣的生态系统。那里的细菌适应了利用化学物质而非阳光来获取能量——这一过程被称为化学合成，这些细菌又反哺了邻近的动植物。所有这些物种都有自己独特的适应能力，在我们星球上迄今为止发现的最不宜居的环境中生存了下来。

上图　管状蠕虫在深海热液喷口灼热、缺氧的环境中茁壮生长。

Neil deGrasse Tyson ✓
@neiltyson

我觉得微型缓步动物"水熊"那有些让人毛骨悚然又有些可爱的
小胖墩形象最适合拿来用作某家百货公司的感恩节游行气球了。

💬 869　　🔁 7.6K　　♡ 33.9K　　　　2017年11月22日，21:47

致功能障碍。只要 7 ~ 10 天没有水，我们就死定了。

　　而缺水的缓步动物会进入一种"假死"状态，所有的新陈代谢活动都被按下暂停键——这是目前已知的最深度的冬眠。

　　缓步动物在科幻小说和科学前沿都扮演着重要角色，因为我们正在探索人类在长期太空旅行中生存的方式。现在我们要做的就是解开缓步动物生存的秘诀。

　　我们对地球上的生命了解得越充分，对地外生命的探索就会越加明智。

第七章 我们
在宇宙中是孤独的吗？

我们是孤独的吗？人的天性驱
使我们仰望和思考。

EUROPA

DISCOVER LIFE UNDER THE ICE · ALL OCEAN VIEWS!!!

任何一个人想要回答"生命是什么"和"我们是孤独的吗"这样的问题时，都会不可避免地受到自身知识的限制：我们迄今已知或研究过的唯一一大类生命只存在于地球上。但是，系外行星上的生命可能在外观和功能上都不同于以往所观察到的任何东西，为了继续在那里寻找生命，我们需要承认自己有短视的倾向。

像我们这样的生命

很久以前，在 DNA 测序和其他生物技术出现之前，我们曾将生命分为两类：植物和动物。但我们后来了解到，在这个星球上，单细胞和多细胞生物的多样性令人叹为观止。尽管如此，地球上所有已知的生命形式，包括动物、植物、原生生物、真菌、古菌和细菌，都有一个共同的基本化学结构，即它们都是以碳原子为骨架进行建构的。

因此，可以理解的是，人们认为所有的生物都必须以这种方式构

左页图　会不会有一天，我们将看到引诱我们去木卫二旅游的海报？木卫二是木星的第四大卫星，那里的地下液态海洋可能蕴藏着生命。

Neil deGrasse Tyson ✔
@neiltyson

写给好莱坞：

对于一个与地球生命具有完全不同 DNA 的外星人，他与我们之间的差异看起来可能比地球上任何两种生命形式间的差异更大。

💬 2.8K   ↻ 4K   ♡ 41.9K   2020年6月24日，15:18

造——所有的生命都是碳基的，就像我们这个世界上的生命形式一样。

在好莱坞科幻题材的电影中，外星人通常都以类人形状出现，这展示了一种自我偏爱的倾向。为什么外星人非要像人类一样有牙齿、肩膀和手指呢？更进一步，为什么外星人看起来非要像地球上的植物或动物呢？如果宇宙中的外星人与我们的差异甚至比我们与大肠杆菌的差异更大，那么地外生命究竟会是什么样子呢？

和我们不一样的生命

下面让我们一起探索两种与我们不一样的生命发展途径。

生命可能以其他原子而非碳原子为基础架构。其中一个很受科幻小说家欢迎的例子是硅基生命。

地球上的生命模式

碳元素在宇宙中的含量是它的化学表亲硅元素的 10 倍。考虑到碳基分子的丰富程度，所有对硅基生命的冲动想象虽然也具有合理性，但根本没有必要。而且，我们凭什么认为其他星球上的生命模式会完全不同呢？也许地球这座生命实验室呈现的规律是普遍适用的。既然物理定律、化学元素、岩石和矿物都是普遍的，为什么生命就该是这种趋势的例外呢？

　　硅是一种很有吸引力的碳的替代品，因为它的电子结构与碳相似。在元素周期表上，它位于碳的正下方，所以它也可以与 4 个不同的原子通过化学键结合，这是构建像 DNA 这样的复杂分子的有用性质。但是硅键往往比碳键更强，这使得硅不太可能形成复杂的分子，因此也就不可能形成复杂的生命。

　　与我们所知不同的第二种生命发展途径是，生命可能出现在并非由水构成的液体环境里。我们至少知道有一个地方存在不是由水构成的湖泊，那就是土星最大的卫星土卫六，它是太阳系中已知的唯一一个表面有流动液体的星球。如前所述，在土卫六表面零下 180 摄氏度的环境中，液态甲烷和乙烷构成的湖泊延伸至它的两极。相比之下，地球上记录的最冷温度（在南极洲测得）是零下 89 摄氏度。

　　与土卫六极端低温的环境截然相反，我们也可以畅想一个表面布满熔岩的系外行星，那里的生命在灼热的熔炉中蓬勃发展。我们只是不知道在这样的极端高温下会发生什么复杂的化学反应，在那里可能会有完全意想不到的东西等待我们去发现。

下图　系外行星巨蟹座 55e 的艺术图。它的轨道离其母恒星非常近，并被潮汐锁定，因此，整个朝向母恒星的表面很可能布满沸腾的岩浆。

Neil deGrasse Tyson ✓
@neiltyson

如果你认为地球是整个可观测宇宙中唯一有生命的地方，这将是不可原谅的以自我为中心的观点，因为宇宙中有上千亿个星系，每个星系都有上千亿颗恒星，许多恒星周围都存在至少 1 颗行星。

假如茫茫宇宙中真的只有地球存在生命，那将是何其骇人的孤独呀！

💬 2K　　⟲ 12K　　♡ 64.8K　　　　2020年6月24日，08:01

与我们大不相同的生命

到目前为止，我们只考虑了基于化学反应的生命，我们称之为化学偏爱。然而，富有想象力的科学家们已经推测了完全不同的生命形式所具有的复杂结构，例如电场和磁场之间的相互作用，或者星际云中的尘埃颗粒之间的静电作用力。这种形式的生命将会是什么样呢？如果我们甚至能用迟钝的人类感官感知到它们，可能除了最开放的思想者，其他人都无法理解吧。

宇宙中数不清的系外行星上令人惊讶的生命可能模式的范围，为我们提供了一个令人信服的证据：生命，无论智慧与否，并不是地球所独有的，也不可能不出现在其他地方，尽管地球上的生命形式诞生于一系列不太可能发生的、罕见的事件中。

奇怪的想法

毫无疑问，我们人类不喜欢认为自己是孤独的。很早以前，我们就在天空中安排了众生——神、魔鬼、外星人……我们的想象力是无限的。

直到 20 世纪,我们才掌握了用科学去检验我们对其他生命看法的技术。

在 18 世纪,一些天文学家认为太阳可能孕育了碳基生命。当然这些生命不生活在太阳炽热的表面,而是生活在他们认为一定存在的太阳的固体内部。有些人甚至想象,如果你把望远镜对准正确的方向,你可以透过太阳黑子看到下面有人居住的村庄。毕竟,那时我们还没有掌握或理解热力学这个物理学的分支。热力学告诉我们,沸腾的外部产生的热量会蒸发掉内部的任何一个村庄。

随着时间的推移,太阳作为潜在生命家园的光彩逐渐褪去,但其他奇怪的想法又冒了出来。例如在 1837 年,英国人托马斯·迪克(Thomas Dick)出版了一本标题夸大其词的书籍:《天国风景》(*Celestial Scenery*)或者说《行星系统展现的奇迹,诠释神的完美和世

上图　在 1901 年赫伯特·乔治·威尔斯(Herbert George Wells)所著的小说《最先登上月球的人》(*The First Men in the Moon*)和这部 1964 年的同名电影中,人类在月球地表下遇到了像昆虫一样的月球人。

界的多元化》(*The Wonders of the Planetary System Displayed, Illustrating the Perfections of Deity and a Plurality of Worlds*)。在这本书中，他宣称我们可以找到生活在土星环上的人类。

到 20 世纪初，很多人仍然相信月球、火星和金星上有生命存在。例如，1901 年，因其早期作品《世界大战》(*War of the Worlds*)而闻名的作家威尔斯，讲述了一名英国绅士前往月球寻找可呼吸的大气并遇到一个被他称为硒人(Selenites)的种族的故事。当美国著名天文学家珀西瓦尔·洛厄尔(Percival Lowell)开始出版有关他对火星的观测的书籍时，这种信念获得了一种权威的加持。洛厄尔把这颗红色星球想象成一个濒临灭亡的文明的家园，运河网络把水从两极运送到赤道——这是关于火星生命的又一个失落的想法。

今天我们知道，在像木卫二这样的卫星的地下海洋中最有可能找到生命(很有可能是微生物)，火星表面下的含水层中也蕴藏着微弱的希望。

洛厄尔到底看到了什么？

当然，我们现在知道火星上并没有运河，但不可否认的是，洛厄尔当时已经将望远镜使用到了极限。在这种情况下，仪器可以在视野中随机产生一些点。洛厄尔在他的大脑中把这些点连接成一个运河网络，就像人们在罗夏墨迹测验[①]中将随机图案连接起来一样。

上图 洛厄尔 1905 年绘制的火星运河。

---

① 让受测者面对偶然形成的墨迹图形自由想象，然后根据其口头报告判断其个性特征的一种测验，由瑞士精神病学家赫尔曼·罗夏(Hermann Rorschach)于 1921 年创建。

8 141 963 826 080 人　迪克认为生活在土星环上的人数。

单一的例子

研究生命的科学家必须在该领域特有的障碍下工作。在公开场合，我们赞美地球的生物多样性，但在私下里，我们感叹这一切都可以追溯到一个单一的起源，一个生命的单一例子。

太阳系中有 100 多个球形天体可与地球进行比较和对比，地球只是其中一员。顺便说一句，这就是为什么地质学系在我们的大学中变得如此罕见——它们已经演变成了行星科学部门。

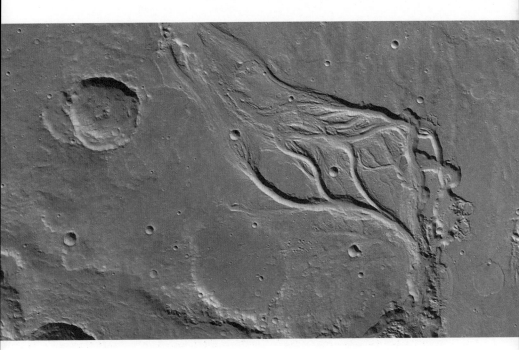

上图　美国国家航空航天局火星勘测轨道飞行器拍摄的火星图像显示了火星表面的沟壑和溪道，这表明很久以前这颗红色星球上有流动的液态水，也许还有生命。

　　然而，生物学家却没有这样奢侈的条件。地球上的每一种生物都由 DNA 分子控制同样的化学运作方式，这清楚地表明我们都是由数十亿年前地球海洋中出现的一个原始祖细胞演化而来的。

　　为什么这一点很重要？想象一下，假如你见过的唯一一种水生生物是金鱼，那么你便会理所当然地认为所有的水生生物都是橙色的脊椎动物，喜欢淡水，以植物和昆虫为食。想象一下，有一天你第一次去海滩，看到了一只大白鲨，然后发现了一只水母，然后又偶遇一只螃蟹。你所知道的关于水生生物的一切都需要重新评估，海洋生物学

上图　由加州地外文明探索（SETI）研究所运作的艾伦望远镜阵（ATA）持续地开展巡天观测，以寻找太阳系以外智慧生命的迹象。

Neil deGrasse Tyson ✔
@neiltyson

我偶尔会想，整个宇宙会不会只是外星人客厅壁炉上的一个雪球。

💬 869　　↩ 7.6K　　♡ 33.9K　　　　2016年3月11日，09:22

和淡水生物学才会逐渐兴起。

如果我们发现了其他生命形式，我们对生命的看法会发生怎样的变化？

首先，地球上所有的生命都涉及碳原子在液态水环境中结合的化学过程。正如我们将在本章的其余部分看到的那样，几乎所有关于地外生命的思考都假定我们在外星发现的一切生命都具备这一特征。这就是前面提到的从金鱼得来的观点。

对于从未见过其他水生生物的人来说，想象地外生命就基于一条金鱼。他们也许可以想象出生命是如何在水中生存的，但想象并寻找一只虾、一种珊瑚或一头 50 吨重的鲸鱼需要更多的信息、时间，尤其是想象力。人类在缺乏信息的情况下，就很容易产生偏见或者偏爱的情感了。

在其他地方发现生命可能会（也可能不会）迫使我们放弃这些偏见的源头。

■ **碳偏好**：生命必须依赖碳原子吗？无论是科幻作家还是严肃的科学家，都曾思考过以硅等其他原子为基础的生命。

■ **水偏好**：水是唯一能够支持生命形成过程的流体吗？氨和液态甲烷是其他可能性的代表，还有化学家将硫化氢列入候选名单，我们有时在热水池周围闻到的臭鸡蛋味就源自这种气体。

正确地看待这个问题

如果地球像教室里的地球仪那么大，月球将在距离地球仪大约 9 米处绕其运行，火星位于 1 千米外，距离太阳系最近的恒星则远在 80 万千米之外。如果银河系里有外星人能穿越这么远的距离，那他们肯定远比我们聪明。我们值得他们花时间停下来打个招呼吗？我们能感知到他们的问候吗？换个角度想，蠕虫能感知到我们吗？

■ **地表偏好**：生命只能在行星的表面演化吗？在太阳系的许多地方，比如木星和土星的卫星上，大多数液态水不是在地表而是在地下的海洋中。并且，生命能否可以完全在气态巨行星的大气中演化并繁荣起来呢？

■ **恒星偏好**：生命只能在环绕恒星的行星上发展吗？毕竟，计算表明，比起围绕恒星运行的行星，可能在银河系中和银河系之外游荡的所谓的流浪行星数量更多。生命可以不依靠恒星这一能量来源而发展吗？行星内部的放射性热量能代替阳光吗？

■ **化学偏好**：我们必须要问一下，生命是否必须以化学为基础？如果生命需要能量流，一些理论计算表明，电场和磁场的相互作用可能会发展出生命系统通常所具有的复杂程度。

顺理成章的是，质疑每一种偏好都会开启新的、越来越不可思议的生命模式。你想从哪里开始尝试呢？

右页图　自 2012 年以来，美国国家航空航天局的好奇号火星车一直在探索火星。它的许多发现证实了火星上存在有机化学的基本要素，这意味着这颗行星在大约 30 亿年前可能有生命存在。

上图　早期的地球表面火山喷涌、毫无生机，经常受到彗星和流星的撞击，这些彗星和流星从太阳系的其他地方带来了生命的基本成分。

寻找智慧生命

如果你打算实施一个大型搜索项目，那么准确地知道你在寻找什么是很有帮助的。

人们经常把寻找地外生命和寻找地外文明混为一谈，因此，让我们先从一项思想实验开始。在地球历史的不同时期，外星访客会如何看待我们的星球？

Neil deGrasse Tyson ✔
@neiltyson

如果整个宇宙的历史像足球场那么长，那么穴居人到现在经过的时间只有底线附近的一片草叶那么宽。

💬 236　　🔁 4.3K　　❤ 2.2K　　　　　　2013年11月5日，06:45

　　在最初的 5 亿年里，地球是一个飘浮在太空中的炙热、没有空气的球体，不存在生命，更不用说智慧生命了。

　　在接下来的 30 多亿年里，地球将是一个漂浮着绿色黏液的世界。漂浮着的相对简单的微生物从阳光中获取能量。这个世界存在生命，但它们显然还不具备我们所说的智慧。

　　在过去几亿年中的某个时候，外星访客会发现更复杂的生命形式。至于它们何时才能跨越智慧生命这一门槛，取决于你认为什么是智慧生命：是蠕虫、鱼？还是恐龙、灵长类动物或者猫？

　　与其迷失在关于智慧定义的模糊辩论中，不如看看迄今为止我们是如何在系外行星上寻找生命的，并将其与我们寻找智慧生命的方式进行比较。

　　我们基本上是用光谱学来寻找天体生物学家所谓的生物征迹，即生物有机体在行星大气中产生的那些分子。这些分子包括来自光合作用的氧气和厌氧微生物产生的甲烷。但这种方法有一个问题：这些分子也可以通过标准的化学和矿物学过程产生。例如我们知道，来自太阳的紫外线可以分解大气中的水分子，在无须生命参与的情况下产生氧气分子。

　　目前，我们探测宇宙中智慧生命的唯一方法是寻找从系外行星上有意或无意发出的电磁信号，但这意味着我们将智慧生命定义为具有建造射电望远镜的能力。这也意味着，如果使用我们自己对智慧生命

上图　叠层石是由原始微生物所建造的一种生物沉积结构，图中展示的是位于澳大利亚的叠层石。虽然它们现在很少见，但建造它们的微生物在 35 亿年前曾是地球上最主要的生命形式。

的定义，那么从 200 万年前能人（*Homo habilis*）生存的时代一直到 19 世纪这段漫长的人类历史，将不能被外星观察者看到。多细胞生物或者说复杂生命出现在大约 10 亿年前，据此计算，被定义为具备发射无线电信号能力的智慧生命在地球复杂生命的历史中只占很小的一部分——大约 0.000 01%。

　　以我们掌握的有限数据为基础，假设地球之外没有智慧生命，这公平吗？

　　尽管当你在阅读这本书时，我们已经向火星发射了一批探测器，并让它们漫游在火星表面收集数据，但是科学家们仍在争论火星上是否存在微生物。换句话说，根据我们现在所知道的，我们生活的星系可能包含许多漂浮着绿色黏液的行星，其中也许有一些行星上生活着恐龙，但没有一颗行星向我们发送无线电信号，或者至少是任何我们可以探测到的信号。

德雷克公式

美国天文学家弗兰克·德雷克（Frank Drake）在 20 世纪 60 年代早期提出了他的著名公式，从那时起，这个公式就主导了关于寻找地外智慧生命的讨论。通过这个公式，我们可以估算出银河系中目前有多少先进科技文明正在试图与我们交流。它的形式如下：

$$N = R f_p n_e f_l f_i f_c L$$

公式中符号的意义如下：

N ——银河系内试图与我们交流的先进科技文明的数量；

R ——银河系每年新形成恒星的数量；

f_p ——拥有行星的恒星的比例；

n_e ——行星系统中类地行星的平均数；

f_l ——类地行星中可以演化出生命的比例；

f_i ——能够孕育生命的行星中有智慧生命出现的比例；

f_c ——有智慧生命的行星中发展出科技文明的比例；

L ——科技文明向太空释放可探测信号的时间长度。

在公式的等号右侧，当我们从左往右计算时，前 3 项涉及相当扎实的天体物理学，接下来的 3 项涉及演化生物学，越靠右的项就越模

Neil deGrasse Tyson ✔
@neiltyson

写给好莱坞：

没有任何理由去认为外星人应该有和我们一样的感官：听觉、视觉、味觉、触觉、嗅觉的器官。他们可能有比我们更多的感官，或者他们的感官和我们的完全不同。

💬 1.8K　　🔁 2.8K　　♡ 30.2K　　　　2020年6月24日，08:19

糊。要给最右侧的一项赋值，需要用到一个我们称之为地外社会学的领域的研究结果，也就是要研究地球人与地外文明之间的相互交流。

德雷克公式后半部分的不确定性使得 N 的预测值从 1（银河系中只有我们一个先进文明，地球文明在银河系中绝对孤独）到数百万（有一个我们可以加入的银河俱乐部）不等。当然，大众媒体更乐于接受后一种估计，这导致了像《星球大战》中的酒吧场景那样的文化表现：几十个有点像人类的外星人混在一起，喝着饮料，欣赏着爵士乐。

现在让我们把一些数字代入德雷克公式中，看看究竟能得到什么样的结果。银河系每年大约会产生 10 颗新恒星，所以我们把代表恒星形成速率的 R 赋值为 10。我们到处都能寻找到行星，所以我们假设至少有一半的恒星有行星，即 $f_p = 0.5$。就类似地球这一点，我们的太阳系大约有 100 颗行星、大卫星和大一点的小行星，但它们当中只有一个（地球）类似地球，因此我们将 0.01 设为 n_e 的典型数值。

一旦条件成熟，地球上的生命就会迅速发展，所以设 $f_l = 1$。由于缺乏更好的证据，我们也设 $f_i = 1$。我们将在本章后面的部分讨论技术的出现是否有必然性，但现在我们提前预测一下结果，设 $f_c = 0.1$。

接下来就是德雷克公式最棘手的部分：一个文明向外释放可探测信号的过程能持续多久。最初，物理学家选择了地质时间尺度，并将

上图　地外社会学需要综合考虑来自整个银河系的智慧生命形式，《星球大战》中的宇宙酒吧是地外社会学的一个完美案例。

L 设为数百万年或更长，这就是银河俱乐部的起源。从另一个角度看，人类在 1900 年左右开始使用无线电波进行广播，但现在正在用电缆和卫星通信代替广播。不久之后，我们的信号将不再泄漏到太空中。对于我们来说，L 可能是 100 年左右。

所以，根据你选择的 L 的值——一个几乎无法按照我们人类文明建模的值，你可以得到相差巨大的结果。这也可以看作我们对自己在宇宙中所处位置一无所知的另一种表达方式。

技术是必然的吗？

地球生命的故事展示了一个越来越复杂的过程，从单细胞生物到多细胞生物再到技术的发展。但是这种发展是必然的吗？换句话说，生命一定要通向智慧吗？智慧一定会带来技术吗？

我们在寻找系外行星的过程中了解到的一点是，宇宙中的世界如恒河沙数，它们是如此多样，任何你能想象到的世界都可能存在于某个地方。到处是熔岩海洋的世界？可以存在。一个由钻石构成的星球？为什么不能存在呢？一个漂浮着绿色黏液的世界？没错，数十亿年中，单细胞生物一直居住在一个叫作地球的漂浮着绿色黏液的星球上。多细胞生物的出现与冰川消退、大气中氧气含量上升这样显著的环境变化有关。在一个没有发生这些巨变的星球上，漂浮着绿色黏液的世界可能会持续到今天，不会诞生智慧生命。

很容易看出，一旦复杂的生命形式出现与智慧相关的特征——比如知道在哪里找到食物、如何躲避捕食者，就会具备演化上的优势。但它们一定会带来技术吗？

我们星球上生命的历史可以再一次为我们提供答案。在超过2亿年的时间里，恐龙统治着地球。在它们的世界里，最大的演化优势是体型和速度等特征。霸王龙不需要工具来适应环境，所以工具从来没有出现过。直到大约200万年前，我们的祖先能人才通过将岩石打磨成粗糙的工具，开始了通往科技的道路。要是恐龙没有因为小行星撞击而灭绝，哺乳动物（包括人类）可能永远不会成为占主导地位的生命形式。在这种情况下，地球可能仍然是一个恐龙星球——一个有生命的星球，甚至可能有智慧生命，这取决于人们的定义，但没有技术。

"WOW!"信号

1977 年 8 月 15 日，美国俄亥俄州立大学的大耳朵（Big Ear）射电望远镜探测到了一个信号，该信号的来源至今仍是个谜。这个强烈的信号持续了整整 72 秒，直到地球自转使望远镜转到该信号源不再可见的位置。几天后，天体物理学家杰里·伊曼（Jerry Ehman）在查看数据打印件时发现了这一接收记录。它是如此奇特，如此符合我们对外星信号的预期[1]，以至于他用红墨水在纸上写了 "WOW!"（哇!），从此这个信号便被永久地赋予了这个名字。

从 "WOW!" 信号被发现，已经过去了 40 多年，尽管人们反复搜索，但它再也没有出现过。在 1977 年运行的更大的射电望远镜根本没有看到这个信号，大耳朵射电望远镜也没有再看到这个信号。有人提出了可能的解释：这是环地轨道上的太空垃圾反射的地球信号，或者是来自一颗新发现的彗星的辐射。但这些解释都没有得到广泛接受。

是外星人吗? 没人知道。

也许最好还是听从伊曼在他发现那个信号 20 年后给出的建议，他警告我们：不要从不够庞大的数据中得出庞大的结论。

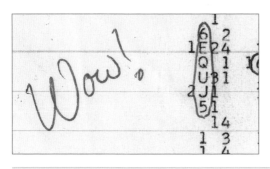

左图　1977 年的一次无线电探测表明有智慧生命存在，但是这个信号再也没有出现过。

---

[1] "WOW!"信号的传输频率恰好是 1420 兆赫（宇宙中中性氢的原子所发射的一条著名谱线——21 厘米谱线对应的频率），用这个频率发送信号时，其不易被宇宙中的各种干扰信号覆盖，因此被科学家们认为是宇宙中智慧生命的通用联系频率，这也是该信号如此著名的原因之一。

SETI：地外文明探索

正如银幕上和小说中大量描绘的那样，寻找一种先进的技术文明并与之对话在流行文化中的所有太空计划里，最具浪漫色彩。寻找这样一种文明正是地外文明探索计划（Search for Extraterrestrial Intelligence，简称 SETI）的目标。

SETI 始于 1959 年，当时著名的英国科学杂志《自然》（*Nature*）上发表的一篇文章指出，射电望远镜的能力正在增强，这意味着，如果有人从外太空发送信号，我们将能够探测到它们。换句话说，如果电话铃响了，我们现在可以接起它了。这篇文章导致了一次会议的召开，会上德雷克公式第一次被写下来，对这些信号的长时间（尽管是零星的）搜索也拉开了帷幕。

SETI 的研究人员面临的一切问题都可以用下面两个问句来概括：往哪里看？找什么？

"往哪里看"这个问题很容易回答。我们应该搜索我们附近围绕类太阳恒星旋转的行星所发出的信号——这是对与我们类似的生命的搜索。"找什么"这个问题却难以回答，因为外星文明可能会选择使用大量的频率。例如，《自然》杂志上的那篇论文提出，信号将以与氢原子中发生的特定现象相对应的微波频率发送，因为这是宇宙中最常见元素产生的最常见辐射。多年以来，尽管也有人提出了其他特殊频率，但所有这些频率都涉及关于外星人如何看待宇宙的神秘争论。最后，SETI 的主要项目下决心继续进行令人生畏的对所有无线电频率的全天搜索。

这项任务对计算能力的需求堪称永无止境，这促使加利福尼亚大学伯克利分校的天体物理学家在 20 世纪 90 年代末启动了一个名为 SETI@home 的项目。该项目给了每个普通人成为公民科学家的机

Neil deGrasse Tyson ✔
@neiltyson

想象一下这样一个世界，各国发现在宇宙中寻找生命比在地球上获取生命更有趣。

💬 566　　🔁 17.7K　　♡ 22.4K　　　　　2015年9月30日，13:19

会——使用他们的个人计算机分析 SETI 的数据。伯克利团队发送数据包，当个人计算机空闲时，便会对这些数据包进行分析。即使到了今天，当你走进世界各地的办公室，仍然可能看到闲置的计算机在处理 SETI 数据。

　　尽管有了数以百万台计的计算机以及多年来所使用的大量望远镜，但仍然没有证据表明银河系存在先进的技术文明。然而，搜索必须继续下去。SETI 是为数不多的全球范围的科学实验之一，无论结果如何，坚持都是有意义的。

　　地外文明探索研究所名誉主席吉尔·塔特（Jill Tarter）在《名人谈星》节目中这样说："如果把我们在寻找地外智慧生命时可能需要搜索的空间、频率和时间整体上比作地球的海洋，那么在过去50年中，我们采集了多少样本呢？仅仅只有一个350毫升容量的杯子那么多。因此，如果你从海洋中舀出一杯海水，却没有看到任何鱼，你能说海里没有鱼吗？这样的看法是不可原谅的短视。"

星周宜居带

　　如果地球离太阳再近一点，就可能会像金星一样，变成一片炙热、缺水的沙漠。如果地球离太阳再远一点，我们现在可能已经冻成了冰雕。这就描绘了一个围绕太阳的环带区域，在这个环带区域内，我们的星球能够支持生命活动。这个概念可以用来描述任何一颗恒星周围的环境，在那里，液态水的海洋可以在一颗沿合适轨道运行的行星表面存在数十亿年，而这正是发展出复杂生命所需要的时间。围绕恒星的适合生命存在的区域被称为星周宜居带[①]，那里的环境不太热，也不太冷，而是正好可以支持生命，因此也被昵称为"金凤花姑娘区"[②]（Goldilocks zone）。

每颗恒星都有一个星周宜居带。恒星越大，星周宜居带距离恒星就越远。当然，在实际描述中，还会引入各种各样的修饰，例如行星大气的组成，以及决定分子是否会逃逸到太空中的行星引力。然而，无论你如何炮制完美的星周宜居带，这个概念引导我们去寻找的不是具备无限可能性的生命，而是寻找我们所知道的生命。

星周宜居带隐含的思想是，生命的出现需要行星表面存在海洋。之所以我们会有这种固有的偏见，是因为那正是地球生命发展的地方。但行星表面并不是我们发现海洋的唯一地方，木星的卫星木卫二冰层下的水比地球所有大洋中的水加起来都多。因此，如果我们真的想跟随水的踪迹来寻找其他地方的生命，那么我们自己太阳系内的那些地下海洋——位于太阳星周宜居带之外的海洋，也应该在名单上。

尽管如此，在宇宙中其他地方寻找生命和先进文明的重点，仍然放在位于对应恒星星周宜居带内的地球大小的系外行星上。有一段时间，每次发现这种行星时，报纸头条都会争相报道发现了生命可能的栖息地。2016 年，当天文学家宣布有 7 颗地球大小的行星围绕恒星特拉比斯特 -1 运行且其中 3 颗行星舒适地嵌套在星周宜居带内时，世界

---

① 与之对应的还有星系宜居带的概念，因为行星系统在星系内的位置也是决定生命能否发展的因素。
② 金凤花姑娘是西方童话中的一个角色，她喜欢不冷不热的粥、不软不硬的床等"刚刚好"的东西，因此被用来形容"刚刚好"。

各地报纸的反应都非常积极。

毫无疑问,星周宜居带是寻找类似于我们这样的生命(基于含碳分子在液态水中进行相互作用的生命)的好地方。危险在于,如果我们在寻找生命的过程中继续这种偏爱,我们可能会蒙蔽自己的双眼而漏掉其他类型的生命。

费米悖论

1950 年,物理学家费米和几位同事在新墨西哥州的洛斯阿拉莫斯国家实验室步行去吃午餐。他们聊起了附近接连发生的 UFO 目击事件,谈话自然而然地转到了是否真的存在地外文明这一问题上。后来,在午餐时,费米问了一个我们至今仍然没有答案的简单问题:他们(外星人)都在哪里呢?

要了解这个问题的重要性,你必须了解一点关于费米本人的知识

上图 艺术家对 39 光年外的特拉比斯特 -1(TRAPPIST-1,一颗红矮星)系统所画的插图,在这个系统中有一颗可能存在生命的类地行星围绕图中最左侧的超冷红矮星运行。

上图 1951 年，恩里科·费米（Enrico Fermi）坐在早期的粒子加速器——同步回旋加速器的操控台前。

以及那个年代的人们是如何看待宇宙的。诺贝尔奖获得者费米负责建造了世界上第一座核反应堆，他还以设计出快速估计棘手问题的答案的方法而闻名，比如"有多少外星文明"。

虽然我们不能确定费米在提出问题前脑子里想了些什么，但我们可以很好地猜测：在德雷克提出他的著名公式的 10 年之前，费米可能已经对银河系中能够演化出高级生命的行星数量做出了快速估计。他还可以快速估算出一个先进文明殖民整个银河系需要多长时间。

Neil deGrasse Tyson ✔
@neiltyson

来自"老爸笑话库"（dad-joke vault）。

问：你怎么称呼还未成熟的外星人？

答：咸蛋军团。

💬 710　🔁 2.3K　🤍 21.7K　　　　2020年7月7日，03:56

在这一过程中，他意识到：（1）可能有很多地外文明存在，（2）一场殖民整个星系的太空竞赛只需要几十万年——这在天文时间中只是一眨眼的工夫。这些计算结果直接导致了一个问题：如果银河系真的充满了先进文明，他们在哪里？为什么他们没有联系我们？如果殖民一个星系所需的时间真的那么短，为什么外星人没有出现在我们家门口？最简单的答案是他们不在那里，他们甚至不在任何地方。这个难题被称为费米悖论。

多年以来，人们对费米悖论及其推论提出了许多有趣的回答，这里我们列出前三名。

- **动物园假说**：他们确实存在，但出于某种原因，他们决定不干涉我们的发展。这一假设的一个例子是《星际迷航》系列中的"第一指令"，该指令禁止任何宇宙飞船与宇宙中的原始文明接触，以免这种接触破坏它们的生物或文明演化。在这种解释里，地球被视为动物园或自然保护区一类的区域。
- **地球殊异假说**：导致地球上演化出智慧生命的事件是如此具有偶然性、如此不可重复，以至于地球是银河系中唯一的先进文明。在这种解释里，外星人并不存在，因为他们从未演化出来过。这一情景在宗教领域很受欢迎，因为他们认为地球处于宇宙中非常特殊的位置。

■ **世界末日场景**：为了赢得演化斗争，生命形式必须具有攻击性。但是，当一个具有攻击性的物种掌握了现代科技时，该物种也拥有了毁灭自我的力量。在这种解释里，外星人在开始与其他文明交流或殖民之前就已经摧毁了自己。

所以他们都在哪里呢？再一次申明，我们还是不知道。

文明的科技等级

俄罗斯天体物理学家尼古拉·卡尔达舍夫（Nikolai Kardashev，不要与更著名的卡戴珊姐妹混淆）是苏联第一个地外文明探索研究小组的成员。1963 年，作为他工作的一部分，他将远比我们先进的文明（很多人都希望在外太空遇到的文明）划分为后来众所周知的卡尔达舍夫等级。

在目前的版本中，卡尔达舍夫等级根据不同文明利用能源的能力（或整个文明消耗的能量）将其分为 3 类：

■ **Ⅰ型文明**：能够完全控制和利用行星上所有可用的能量。

■ **Ⅱ型文明**：能够完全控制和利用母恒星产生的所有能量。

■ **Ⅲ型文明**：可以控制和利用整个星系中所有恒星产生的所有能量。

在这种划分中，人类文明甚至还没有达到Ⅰ型。科学家经过测算，认为人类文明现在只处于 0.73 级，但不可否认的是我们一直在进步。一些计算表明，当能人在几百万年前开始使用石器时，我们的水平只是 0.1 级。一些见多识广的未来学家认为，我们可能只需要几百年就能达到完全的 Ⅰ 型文明状态。实现这一目标肯定要掌握核聚变发电技术，我们目前尚未攻克这一难题。

　　Ⅱ 型文明肯定会有太空旅行，并可能建造了一个戴森球，它可以捕获母恒星发出的所有能量，并将其反馈给行星，以满足 Ⅱ 型文明的

上图　当我们发现新的系外行星时，艺术家们将事实与想象结合起来，以描绘整个银河系中可能出现的景观。在这幅图中，一颗假想的冰质卫星围绕着 140 光年外一颗已知的气态巨行星运行，而该行星则围绕着一颗类太阳恒星运行。

戴森球

地球上几乎所有的生命都依赖太阳的能量，但地球只接收到了太阳发出的一小部分光。太阳发射的大部分能量都逸散到了太空中，天空中的任何恒星都是如此。毕竟，我们能看到恒星的唯一原因正是它们的光从周围区域逃逸了。从先进文明的角度来看，恒星产生的大部分能量都被浪费了。

1960 年，美国物理学家弗里曼·戴森（Freeman Dyson）提出，一个真正先进的技术文明应当通过建造大型太阳能收集器，在光线离开恒星周围区域之前将其捕获。建造完成后，这些太阳能收集器会将恒星完全包围起来，收集其发射的所有能量。这种能够拦截和收集母恒星发出的所有能量的轨道结构被称为戴森球。问问你自己，你从哪里能得到建造如此巨大结构的材料？它可能要求你为这个项目开采掉附近所有行星的全部自然资源。

上图　为了解释恒星 KIC 8462852（也称为塔比之星，如图中所示）亮度的不寻常变化，一些人认为这颗恒星被一个部分建成的戴森球包围，不过大多数科学家倾向于更自然的解释。

能源需求。这将在人类未来的数千年内发生。Ⅲ型文明是星系级文明,其技术实力可能完全超出我们的认知,他们所在的整个星系可能完全被戴森球包围。

你肯定会好奇,如果存在Ⅱ型或Ⅲ型文明,他们的戴森球会阻止我们接收任何来自他们的信号吗?

第八章 宇宙是如何诞生的?

$$E \approx \frac{Q}{4\pi\varepsilon^2}\left(\frac{3u^2 \cdot r}{r^2}\right)$$

$$k = (1+l)\sqrt{\frac{m}{l}}$$

观测、计算和可视化告诉我们
这一切是怎么开始的。

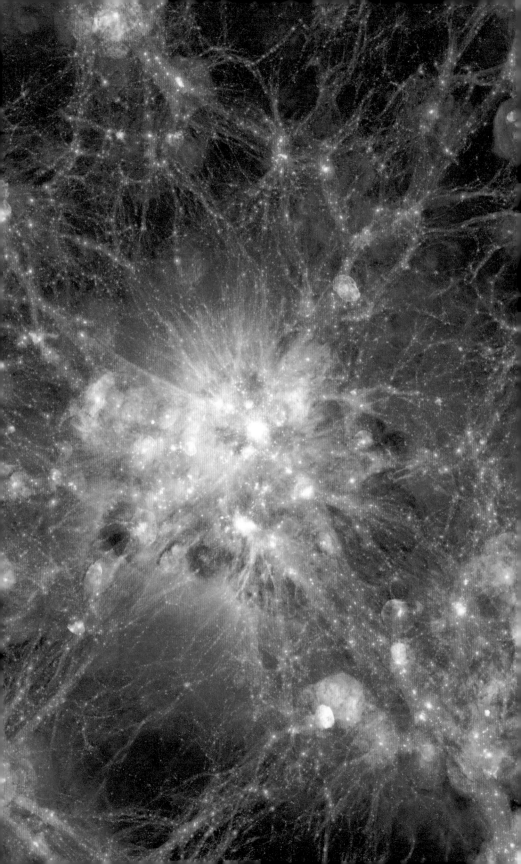

8

　　宇宙历史中最有意思的事情发生在最开始的千分之一秒内。要回溯如此遥远的过去并理解宇宙的起源，我们需要将看似迥异的两个科学分支统一起来：宇宙学和粒子物理学。这是一次神奇的相会，这两个科学分支的研究对象分别是宇宙和亚原子粒子，也就是已知最大的事物与最小的事物。

　　我们的宇宙已经持续膨胀并冷却了约138亿年。与现在相对寒冷的时代相比，极早期的宇宙又热又小，物质相互碰撞的程度也要剧烈得多。在剧烈的碰撞下，复杂的结构不能稳定存在，比如分子、原子，甚至是基本粒子，都只能以更微小、更简单的形式存在。宇宙早期的历史就是这些基础组成部件的演化历史。

　　之前我们已经讨论过宇宙演化中的一个里程碑事件。在宇宙大爆炸后约38万年，宇宙冷却到原子能在碰撞中幸存下来。在此之前，普通物质以等离子体的形式存在：不受约束的带负电的自由电子与带正

左页图　以一个超星系团为中心的计算机模拟揭示了宇宙大尺度上的纤维结构。

电的原子核四处游荡，吸收并辐射电磁波。在完整的原子形成之后，等离子体被中和，辐射被释放并最终形成了宇宙微波背景辐射。同时，普通物质落入了暗物质形成的引力势阱中。星系、恒星和人类智慧的出现都源于这个事件。

再向前回溯一段时间，看看宇宙大爆炸后 3 分钟时发生的转变，此时宇宙已经冷却到原子核能稳定存在的温度。在此之前，普通物质以质子和电子的形式存在，没有更复杂的结构。我们可以看到，即使

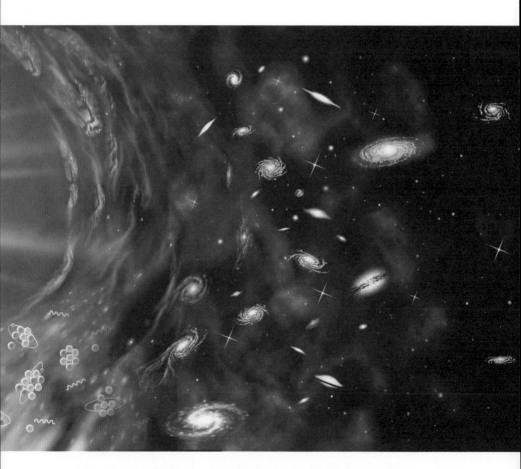

上图　从单一视角看不断膨胀的宇宙的演化。从宇宙大爆炸（最左边）开始到原子形成，然后是恒星与星系的形成，以恒星与星系的死亡为终结。

在宇宙诞生仅有 3 分钟时，物质也是以一种我们熟悉的形态存在的，它们与组成今天的物质的粒子相同。这时宇宙中的力与现在的力也都一样。要想脱离这种熟悉感、找到更大的差别，我们需要回溯至更早的时间——宇宙年龄不到千分之一秒时。

万物的现状

如果我们要讨论宇宙是如何演化成今天这个样子的，首先我们应该对宇宙现在的状态有一个清楚的认识。宇宙中的普通物质是由一些基本粒子组成的，我们可以把它们想象成构建宇宙的砖块。一类基本粒子是夸克，质子和中子就是由夸克构成的。就如前文所说，已知有 6 种夸克，它们两两成对组成了夸克的味：上与下、粲与奇异、底与顶。

宇宙中的另外一类基本粒子是轻子，同样也有 6 种。其中人们最熟悉的是电子，另外还有 2 种轻子是 μ 子和 τ 子，它们和电子类似，但质量更重一些。与这 3 种带电轻子一一对应的还有 3 种中微子，中微子不带电，而且几乎没有质量。所有这些看起来很怪异的 6 种轻子都可以在现代粒子加速器中被大量制造和研究。通过这类巨型设备，我们可以模拟宇宙初期的亚原子现象。

所有普通物质都是 6 种夸克和 6 种轻子组成的。你没看错，仅仅 12 种基本粒子就组成了整个已知宇宙。

 Neil deGrasse Tyson ✔
@neiltyson

科学家就是那些从孩提时代就培养并一直保持着好奇心的成年人。

💬 825　⟲ 13.1K　♡ 67.3K　　　2018年4月14日，12:40

　　这些基本粒子之间有什么相互作用？什么样的力量将它们束缚在一起，或者让它们分开？事实上，在今天的宇宙中，有4种基本相互作用力充当着黏合剂的角色，将这12种粒子调配成了现在的样子。有2种基本相互作用力在日常生活中比较常见：引力和电磁力。另外2种基本相互作用力不常见，因为它们只作用于原子核中：强相互作用力（强核力）和弱相互作用力（弱核力）。下面我们花些时间来介绍一下这2种不常见的力。

　　我们从强相互作用力开始。原子核中的质子都带有相同的电荷，受电磁力影响，它们应该会相互排斥而飞离，这是我们在中学时就知道的"同性相斥"原理。但实际上，所有质子都像蛤蜊一样，安静地挤在一个地方。要克服斥力，必须有另一种力来维持质子的聚集状态。

上图　化学家玛丽·居里（Marie Curie，即居里夫人）在研究放射性，她的发现有助于解释亚原子粒子的衰变。

6+6=？

为什么是 6 种夸克和 6 种轻子？问得很好，我们也希望自己知道答案。

此时，强相互作用力登场了，它是 20 世纪物理学研究的中心课题之一。

尽管有强相互作用力的维持，还是有很多原子核与基本粒子会经历放射性衰变，这一术语是波兰化学家居里夫人发明的，她是第一位两度获得诺贝尔奖的科学家。当弱相互作用力触发原子核通过辐射形式释放能量时，放射性衰变就发生了。

现在你知道了：在宇宙大爆炸千分之一秒后出现了 6 种夸克、6 种轻子以及 4 种基本相互作用力。但那之前发生了什么？宇宙预先获得了什么才演化成现在独特的样子？

量子力学

为了继续回溯时间之旅，我们需要进入原子内部，能描绘这个奇异空间的就是量子力学，这是一个与日常所用的牛顿力学完全不同的理论。现在让我们来简单地了解下量子世界。

就我们的阅读目标而言，我们将只讨论量子力学的一个方面——海森伯不确定性原理（简称不确定原理，又称测不准原理），这是一个以德国物理学家沃纳·海森伯（Werner Heisenberg）的名字命名的理论。不确定原理与我们正在谈论的话题有关的一个版本是：如果你越精确地知道一个系统所包含的能量，你越不清楚这个系统拥有这些能量的时间。

还记得童话故事中的灰姑娘吗？她可以着盛装去参加舞会，而且

> **Neil deGrasse Tyson** @neiltyson
>
> 你本是物质。
>
> 当你乘上光速的平方后。
>
> 你就变成了能量。
>
> 💬 2.7K   🔁 66.1K   ♡ 279.4K   2020年1月9日，04:03

只要她在午夜前返回，那么这件事谁也无法发现。同样，在量子世界中，只要一个粒子消失得足够快，谁也无法发现它凭空出现过。这个足够快是由不确定原理定义的。以这种方式出现并消失的粒子被称为虚粒子。

一个单独的质子，在很短的时间内，可以变成一个质子和一个虚粒子，就如舞会中的灰姑娘。这个虚粒子的质量只是能量的另一种形式（记住质能方程 $E = mc^2$），所以这个虚粒子可以隐藏在不确定原理后面。只要这个虚粒子消失得足够快，通过不确定原理就可知，我们永远无法将有这个虚粒子的系统与没有这个虚粒子的系统区分开来。

在 20 世纪 30 年代，日本物理学家汤川秀树（Hideki Yukawa）意识到，发射虚粒子的粒子与吸收虚粒子的粒子不一定相同。他发现当两个普通粒子交换虚粒子时，它们之间会产生一种力。把两个普通粒子想象成两个溜冰者，当溜冰者在光滑的冰面上被推了一下时，很容易便会沿推力的方向滑行。如果一位溜冰者向另一位抛出一个重球，扔球的那位会因为受到反冲力而后退，接球的那位也会受到球的冲力而向后滑行。

换句话说，在量子世界中，交换不可测的虚粒子可以产生力。而且，交换不同的虚粒子可以产生不同的力。

事实上，4 种基本相互作用力中有 3 种是通过交换虚粒子产生的。粒子间交换胶子会产生强相互作用力，胶子之所以如此得名是因为它将基本粒子黏合在一起。电磁力来自光子的交换，而产生弱相互作用力的粒子叫作矢量玻色子。

现在我们描述了 4 种基本相互作用力中的 3 种，但目前引力还不能以这种方式来描述，正如我们将要看到的，对引力本质的研究仍然是理论物理学最前沿的课题之一。

简化和统一

宇宙年轻时的温度很高，结构也很简单。宇宙更年轻时，温度更高，结构更简单。宇宙在诞生后 38 万年时形成了具有高度有序结构的原子，它们比由带电粒子组成的等离子体海洋复杂得多。同样，宇宙在诞生后 3 分钟时形成的原子核也比之前的基本粒子更复杂。

就像我们可以将一栋建筑拆解成支撑结构与填充砖块那样，4 种基本相互作用力就像宇宙砖块之间的砂浆。我们可以回溯宇宙的历史，

量子力学很难

因在量子力学领域的开创性工作而闻名的美国理论物理学家、诺贝尔奖获得者理查德·费曼（Richard Feynman）曾经说过："我想我可以很有把握地说，没有人懂量子力学。"所以，如果你觉得量子力学的概念特别晦涩难懂，别担心，有很多人和你一样。然而，正是对它们的理解过程让我们得以洞察宇宙是怎么来的。奥地利裔美国物理学家维克多·韦斯科普夫（Victor Weisskopf）甚至持有这样的观点："只有两样东西让生命变得有价值，那就是莫扎特和量子力学。"

直到寻找到形成宇宙的地基。

我们从一个奇怪的问题开始：要搭建一个宇宙，你需要多少种力？在一个没有力的宇宙中，什么事都不会发生，这很显然不是我们所在的宇宙。要搭建一个宇宙，真的不需要那么多种力，但你至少需要一种力。也就是说，在最简单的宇宙模型中，只存在一种力。如果宇宙的结构真的是越早越简单，那么宇宙中的力必然会减少，最终减少为一种。我们称这个尚未实现的猜想为力的统一，它在爱因斯坦的时代被称为统一场论。

在量子世界中，真实粒子之间交换虚粒子时会产生力，之前我们用了两位溜冰者扔重球的例子来类比力产生的情况。现在我们将上面的类比进行拓展，想象在一个寒冷的冬日里，有两对溜冰者在一个室外溜冰场中各自相向滑行。一对溜冰者中的一员提着一桶混合了防冻剂的水，另一对溜冰者中的一员则提着一桶冰。

如果现在溜冰者们两两相向滑动，提桶的成员各自将桶里的东西抛向队友，我们将会看到一位溜冰者被水泼了一身，而另一位溜冰者则被一大块冰击中。换句话说，我们会看到两种不同的现象发生在溜冰场中。如果在夏天再做一次同样的实验，因为温度较高，所以桶中的冰都会融化成水，我们将只能看到一种现象发生：两位溜冰者都被泼了一身水。这样我们就会意识到，第一次能看到两种现象是因为温度低，但在更高的温度下，这两种现象变成了同一种。

同样，在我们回溯宇宙的历史时，时间来到宇宙诞生后的千分之一秒内，高温会使各种力统一，它们开始以相同的方式表现出来。事实上，我们追溯的时间越早，宇宙中可区分的力就越少。

右页图　在这幅艺术图中，宇宙大爆炸被描绘成空间中物质的爆炸，但宇宙大爆炸实际上是空间本身的爆炸（膨胀），而不是在空间中爆炸。这是一个很难描绘的概念。

有了这个认识，我们已经准备好进行造物的核心之旅了。

夸克禁闭

当我们在时间轴上进一步后退，下一个重大的事件发生在宇宙大爆炸后 10 微秒（10^{-5} 秒）时。在这个时刻，自由漫游的夸克找到了自己的夸克伴侣，安顿下来，一起组成了粒子。夸克形成的粒子分为两大类：3 个夸克组合形成重子，比如质子和中子；夸克 – 反夸克对形成介子。

乍一看，这一事件与后面的原子核或原子的形成过程很像。然而，它们之间有一个很关键的差别。夸克之间的力（强力）是通过交换胶子产生的，这种力与我们熟悉的电磁力和引力有一个很重要的差别：夸克间离得越远，这种力变得越强，而不是越弱。生活中一个类似的例子是橡皮筋，我们把它拉得越开，所用的力就越大。同样，将两个夸克分得越开，所需施加的力和投入的能量也越大。

现在想象你抓住了 2 个夸克中的 1 个，你的目标是将这个夸克拉出来。开始进行得很顺利，束缚夸克的力很小，很容易克服。但当你把夸克拉得越来越远时，过程变得越来越吃力。最后，你给这个系统注入了足够多的能量，以至于你又创造了 2 个夸克，夸克再次两两配对。这种情况下，大自然更容易将能量转化为夸克的质量，而不是将

写一个小的数字

当我们回溯宇宙最初的历史时，谈到的时间段会越来越短，因此不得不通过 10 的 n 次方的形式来记录数字。当然，数字 10^{-3} 也可以用另一种方法表示，即将 1.0 的小数点向左移 3 位。因此，千分之一秒可以记为 10^{-3} 秒或 0.001 秒。1 微秒可以记为 10^{-6} 秒或 0.000 001 秒。

2 个夸克分离得更远。

我们从中学到了什么呢？那就是无论你用多大的力撞击粒子，都不可能得到单个的自由夸克。

上图　在欧洲核子研究中心的大型强子对撞机关闭期间，一名操作员为新的紧凑型 μ 子螺线管探测器安装部件，粒子就在这里发生碰撞并被观测到。

力的统一

到目前为止，我们对宇宙历史的回溯跨越了 3 个关键点：宇宙大爆炸后的 38 万年、3 分钟以及 10^{-5} 秒。其中每个时刻都标志着物质形态的变化。像原子这样的复杂结构开始于 38 万年，起源于夸克和轻子的海洋，这个海洋存于宇宙大爆炸后 10^{-5} 秒内。然而，迄今为止，这些变化都不涉及基本相互作用力的变化，构成宇宙的砖块发生了变化，但黏合剂（砂浆）还是原来的。即使物质被分解成了更基本的形态，它们之间的基本相互作用力还是今天我们熟悉的 4 种。

但随着我们继续回溯，一切即将改变。

宇宙大爆炸后 10^{-10} 秒（十分之一纳秒）是下一个关键点，在这个时间点之前，基本相互作用力开始走向统一。那时宇宙只有 3 种基本相互作用力：强相互作用力、引力以及被称为弱电力的统一力。过了这个时间点，电磁力和弱相互作用力才以两种截然不同的形式分开。很神奇的是，像大型强子对撞机这样的机器能够重现宇宙在诞生后 10^{-10} 秒时的环境。这样的环境可以在机器内部一个质子大小的空间中存在短暂的瞬间。可惜的是，现在我们还不知道如何制造足够强大的机器来模拟更接近宇宙大爆炸时的情景，这也意味着我们不能通过实

爱因斯坦失败的探索

爱因斯坦在晚年花了大量的时间尝试构建统一场论，却没有成功。像他这样杰出的物理学家为何会在这项任务上失败呢？事实是爱因斯坦可能选择了不合适的力去统一———他致力于统一引力和电磁力，但这是至今尚未解决的难题。不过爱因斯坦做出这个选择也是情有可原的：在那个时代，弱相互作用力和强相互作用力刚被发现不久，它们的性质还有待深入了解。

验来验证关于宇宙大爆炸后 10^{-10} 秒内的猜想。

强相互作用力的统一

继续我们的回溯之旅，另一个关键的时间点——宇宙大爆炸后 10^{-35} 秒，与 10^{-10} 秒相差巨大的数量级。10^{-35} 秒代表的时间实在太短，在人类生活经验中没有任何事情能与之类比。尽管如此，前沿的科学理论告诉我们，这正是构成宇宙的基本砖块——6 种夸克和 6 种轻子第一次出现的时间。

无论我们对宇宙在这个时期的行为有多少奇妙的猜想，都没办法通过实验去验证。虽然粒子物理标准模型能很好地解释物质在现代粒子加速器（以及其他的设备）所能达到的能量下的行为，但即使是最

上图 尼尔斯·波尔（Niels Bohr，左）和马克斯·普朗克（Max Planck，右）在 1930 年的合影。他们都因对量子力学发展做出重大贡献而获得诺贝尔奖。

Neil deGrasse Tyson ✔
@neiltyson

我们所知道和理解的宇宙万物受 3 种力支配：强相互作用力、弱
电力和引力。

💬 136　　🔁 375　　♡ 174　　　　　　2012年4月24日，12:05

乐观的物理学家，也不能将这个理论拓展到宇宙大爆炸后 10^{-35} 秒之内。所以，现在我们认为，对宇宙任何有把握的认识，都难以突破宇宙大爆炸后 10^{-35} 秒这个时间点。

宇宙大爆炸后 10^{-35} 秒是一个转折点。在此之前，宇宙中只有 2 种力：引力以及其他 3 种基本相互作用力统一后的力（强 – 弱电力）。因此，在此之前发生的事件可以被认为是简化的事例，而在此之后，出现了很多一直保存到现代宇宙中的复杂特征。

理论物理学家如果没有了创造力，那就什么都不是了——虽然我们没有好的办法继续向前回溯，但是这并不意味着我们完全没有研究思路。实际上，理论物理学家们已经提出过很多方法，我们将在下一章里聊一些非常有趣的猜想。但请注意，大多数理论物理学家预计力的下一次（也是最终的）统一会发生在宇宙大爆炸后 10^{-43} 秒时。为了纪念被公认为量子力学创始人之一的德国物理学家普朗克，我们称这个时间为普朗克时间。对于更早的宇宙，我们认为引力和强 – 弱电力是统一的。广义相对论（宏观尺度）对引力的描述很好地解释了宇宙大尺度结构，而宇宙在微小体积时则适用于量子力学（微观尺度）。在更早的宇宙中，对它们强拉硬拽的结合如同用枪对着脑袋、逼不得已而缔结的婚姻，我们迫切需要建立完善、自洽的量子引力理论。

在我们走到最后一步之前，让我们先聊一个同样棘手的问题：宇宙中为何存在物质？

反物质问题

为什么会存在物质?

以我们对宇宙中物质和能量的认识,在满足质能方程的前提下,高能 X 射线和 γ 射线在转换成物质时,会自动生成成对的粒子和反粒子,组成单元都是反粒子的物质被称为反物质。之后,当任何一个粒子遇到相应的反粒子时,它们都会发生湮灭,重新回到能量的形态。

在宇宙早期的高温足以让 X 射线和 γ 射线主宰能谱时,能量与物质之间相互转化的双向通道保持畅通。但随着宇宙的膨胀,它的温度会下降到不足以自发产生粒子 - 反粒子对。仔细想想,这很奇怪。如果宇宙中的物质都来自 X 射线和 γ 射线产生的粒子 - 反粒子对,那当宇宙冷却到没有 X 射线或 γ 射线时会发生什么? 在那种情形下,每个粒子都有一个对应的反粒子,也就是粒子和反粒子是等量的。随着宇宙持续冷却,粒子最终都会与对应的反粒子相遇并发生湮灭,留下一个没有物质的光之宇宙。

上面的理论告诉我们,宇宙中应该不存在任何物质,但我们都是由物质组成的。所以由于未知的某种缘故,在宇宙早期的某个时刻,一些 X 射线或 γ 射线自发地转换成了单一的普通物质粒子,导致宇宙中正反粒子的数量出现了严重的不对称。计算发现,要得到现在宇宙的样子,需要能量在转换成物质时有大约一亿分之一的概率产生单一的普通物质粒子,这违反了粒子物理学中关键的守恒定律。或许这就是早期宇宙发生的一个神秘但真实的变化。

这就是我们给出的解释,也是现在我们所坚持的解释。

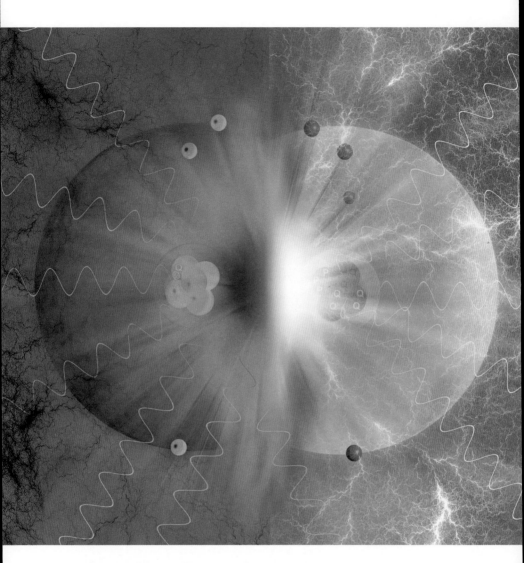

上图　图中物质和反物质互为镜像。电子、夸克以及其他亚原子粒子在一边，对应的反粒子在另一边。

华丽的篇章

我们终于可以拼凑出我们所理解的整个宇宙的历史了，除非我们的理论在某一天崩溃。现在让我们从宇宙大爆炸开始，顺着时间线完整地复述这个故事。

10^{-43} 秒后

这一时间点之前，没有实验数据或完全可靠的理论来告诉我们宇宙究竟是什么样的。不过，我们推测宇宙中曾经只有一种力，一些理论还推测，宇宙中曾经也只有一种粒子。如果这是真的，那么宇宙开始于一个最简单的状态：仅有一种粒子通过一种力相互作用。

10^{-35} 秒后

在这时，宇宙发生了大量变化，其中之一是被称为暴胀的快速膨胀过程[①]。宇宙中生成的物质比反物质多了一点点，大约每产生 100 000 000 个反粒子，会对应产生 100 000 001 个普通物质粒子。物质与反物质相遇并湮灭，会产生很强的辐射，最终成为宇宙微波背景辐射。强相互作用力从强－弱电力中分离而出，宇宙中的基本相互作用力从 2 种变为 3 种：引力、强相互作用力和弱电力。

10^{-10} 秒后

在这个时刻，电磁力和弱相互作用力分离，这也是基本相互作用力最后的分离，形成了今天看到的 4 种基本相互作用力：引力、强相互作用力、弱相互作用力和电磁力。

10^{-5} 秒后

夸克聚集形成了基本粒子，比如出现在原子核里的质子和中子。

———————

① 暴胀过程结束于宇宙大爆炸后 10^{-32} 秒，这时宇宙温度变得非常低，然后经历了一个重新加热的过程。

夸克一旦进入基本粒子中，就再也不能以自由夸克的形式存在了。

3分钟后

此时宇宙的温度已降至足够低，单个质子和单个中子组成的简单原子核不会在接下来的碰撞中碎裂。在很短的一段时间里，还会形成更复杂的原子核，但最重只到锂原子核。随着宇宙的膨胀，粒子之间的距离增大，不能继续构建更复杂的原子核。在宇宙大爆炸3分钟之后，物质和辐射以等离子体的形式共存，任何聚集物质的尝试都会被高能辐射快速破坏。另一方面，暗物质不受辐射影响，在引力的作用下聚集到一起。

38万年之后

电子附着到原子核上形成原子，辐射得到释放，能够自由传播。这些辐射表现为今天的宇宙微波背景辐射。在有暗物质存在的地方，普通物质聚集形成恒星和星系。

简而言之，一切都可能开始于最简单的状态，然后不断扩展与演化，最终形成了今天这个复杂的宇宙。

知识的尽头

好吧，事情就是这样了。我们已经尽可能去了解宇宙的起源，在这段旅程的最后，我们只剩下假设和猜想了。就如任何充满好奇心的人知道的那样，最有意义的问题正是那些我们还没想到要问的问题。

站在 10^{-35} 秒这一节点向回看，我们还需要登上两座高峰。第一座高峰是在宇宙诞生后 10^{-43} 秒和这之前发生或没发生的事情。如前所述，

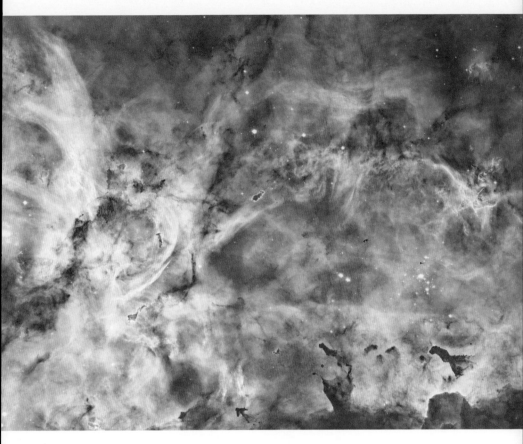

上图　这是一幅船底星云的拼接图，由哈勃空间望远镜拍摄。图中显示这个恒星托儿所中的大质量恒星正在把孕育它们的气体云撕碎。

理论物理学家的共识是，基本相互作用力之间统一的趋势会继续下去，并且在普朗克时间处，引力将与强－弱电力统一。

　　我们知道，在量子尺度上，交换虚粒子会产生强相互作用力、电磁力和弱相互作用力。然而，从广义相对论可知，引力产生于因物质存在而导致的时空弯曲，它不涉及交换虚粒子。因此，创造一个适用于量子世界的引力理论不仅仅是摆弄方程式的问题，关键是如何去调和这两种根本不同的产生力的方式。

Neil deGrasse Tyson ✔
@neiltyson

你每次仰望星空时是否都会觉得自己很渺小？不必如此，你应该感到伟大。我们身体里的原子都是恒星爆炸的产物。我们都是星尘。我们活在宇宙中，而宇宙就在我们身体里。

♡ 2.3K　⇄ 33.6K　♡ 146.6K　　　2020年8月23日，14:19

　　但即使我们解决了这个问题，还需面对一座更高的山峰：初始事件的本质。如果我们认为时间开始于宇宙大爆炸，那么"宇宙大爆炸之前是什么"这个问题就没有意义。一些观点认为，宇宙确切的本质并不局限于一套物理定律，而是可以变化的。在这种情况下，可以同时存在很多个宇宙，也就是多重宇宙。并存的每个宇宙都有自己的宇宙法则，而且任何两个宇宙永远不会相遇。

　　系好安全带，下面的旅途将通向真正的未知。

第九章 宇宙会怎样结束？

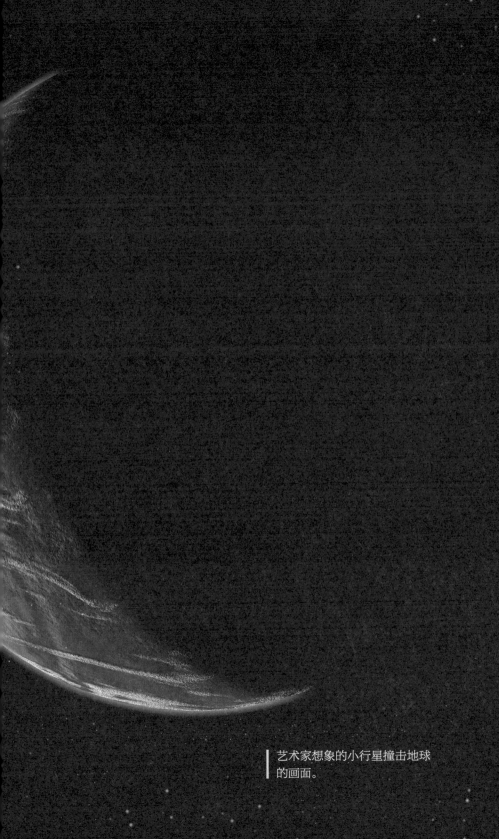

艺术家想象的小行星撞击地球
的画面。

9

当我们思考宇宙的终结时，我们自然会首先想到太阳系中的行星以及太阳的结局。像其他恒星一样，太阳在其生命演化的不同阶段也会采用不同的策略来抵抗自身的引力。每种策略都是其走向死亡过程中的传奇篇章。

如前所述，太阳系的传奇始于一片坍缩的气体云，气体云由于自身引力而自发地向中心坍缩。此过程使其核心温度升高，当温度到达某个临界值就会触发热核反应，其中的氢聚变成氦。具体来说，是 4 个质子结合并转化为 1 个包含 2 个质子和 2 个中子的氦原子核，同时产生其他粒子并释放能量。

由此产生的向外的压力最终与引力平衡，太阳进入稳定期。45 亿年来，太阳一直在其核心将氢融合成氦。再过大约 40 亿年，它核心中的所有氢将耗尽，而引力在遭遇了约 90 亿年的顽强抵抗后，将重新占主导作用，使太阳再次坍缩。

左页图　40 多亿年后，太阳将膨胀成一颗红巨星，吞噬水星和金星。图中描绘了那时地球干燥的地表，在已成为耀眼红巨星的太阳的映衬下，月球显现为一个黑色圆盘。

事实上，此时太阳还有两种方法可以抵抗引力坍缩。一种是利用核心周围壳层中遗留下来的氢，另一种是在核心中继续触发一系列核反应，将氦转化为碳。每个氦原子核都包含 2 个质子，3 个氦原子核可以融合成一个包含 6 个质子的碳原子核，这一过程被称为三 α 过程（因包含 2 个质子和 2 个中子的氦 -4 原子核也被称为 α 粒子）。

太阳在进入老年期后会采用这两种策略，导致情况有点复杂。其中最重要的两点是：(1) 太阳将因太阳风的大幅增强而损失约三分之一的质量；(2) 太阳的外层会膨胀和冷却，因为它转变成了一种新的恒星类别——红巨星。太阳会逐渐膨胀至水星和金星的轨道，依次吞没这两颗行星，同时地球也面临同样的威胁。最终，所有膨胀的气体都逃逸到星际空间，只留下一具微小、稳定、炽热的恒星残骸。

当这一切发生时，我们最好逃到别的地方去。

像太阳这样的恒星在将氦转化为碳之后，其质量不足以触发后续的核反应，因此没有什么机制可以再来阻止其引力坍缩。这时，我们的故事中出现了一个新角色。早期从原子中分离出来并在等离子体背景中存在了数十亿年的电子，现在来到了舞台的中央。

量子力学定律告诉我们，电子云不能被无限地压缩。你可以理解为每个电子都需要一定的活动空间来维持其存在。但在遇到电子向外压力的抵抗之前，引力已经将太阳的剩余部分压缩成差不多地球大小了——此时坍缩过程停了下来。太阳最终会变成一颗被称为白矮星的恒星，一具在天空中慢慢冷却的残骸。它的生命传奇也到此结束。

太阳系多大年纪了？

如果将宇宙的生命周期压缩为 1 年，那么太阳和太阳系大约诞生于 9 月初——在银河系的生命周期中也算出生相当晚的。

地球的结局

那么当太阳为了活命而与引力苦苦战斗的时候，我们的地球表面又是怎样一番景象呢？

地球上最显著的变化来自太阳光度的升高。尽管太阳在 45 亿年的时间里一直通过核心处的氢聚变来产生能量，并且这一过程还会持续约 50 亿年，但它的光度一直在缓慢升高。例如，当行星刚形成时，太阳的光度比现在低 30% 左右，而当其核心中的氢耗尽时，其光度将又比现在高约三分之二。太阳光度升高会导致地球温度升高，地球生命该如何应对？可以明确的是，我们目前所知的所有生命形式都无法在这种环境中幸存下来。但是，注意不要把我们今天所经历的全球变暖和太阳光度的缓慢升高混为一谈。

如果不考虑人类在未来几百万年内的活动可能对地球环境造成的影响，那么那时候的地球可能和现在不会有太大的区别。由于地球自转和绕太阳公转的细节变化，冰期依旧会时不时出现。然而，随着太阳使地球变暖，冰期的出现将变得没那么频繁。由地幔对流所驱动的大陆缓慢而稳定的运动在短期内也不会受到影响。事实上，地质学家已经提出，再过 2.5 亿年，所有大陆将重新聚合为一个整体：2.5 亿年

Neil deGrasse Tyson ✔
@neiltyson

再过大约 50 亿年，太阳将迎来生命的终结，其包层的发光等离子体将膨胀到惊人的大小，水星和金星也会被吞噬。而曾经作为生命绿洲的地球，也可能已经在炙烤下化为灰烬。

享受今天吧！

💬 7.2K　　🔁 55.7K　　♡ 204K　　　　　2018年3月12日，07:56

前的联合古陆（Pangea，也译为盘古大陆）将再度出现。

10亿年后，地球的平均温度将比我们的体温还要高。在这个温度水平上，蒸发率会增加，更多的水分会从地球上的海洋和湖泊进入大气，然后来自太阳的紫外线会将这些水分子分解成氢原子和氧原子。随着海洋完全消失，更轻、运动速度更快的氢原子将逃逸到太空，这使整个星球变得干燥。火山也会继续喷发，将大量的水和二氧化碳喷射到大气中。但是，那时不像现在有海洋来帮助吸收大气中的二氧化碳，因此由二氧化碳引发的温室效应会非常强烈。随着来自太阳的紫外线不断分解水分子，由水产生的亚晶体润滑（sub-crystal lubrication）作用也会消失，迫使板块运动过程停止，大陆的位置被锁定。在30亿～40亿年后，失控的温室效应将使地球表面温度升高到足以将岩质地表熔化成熔岩海洋。

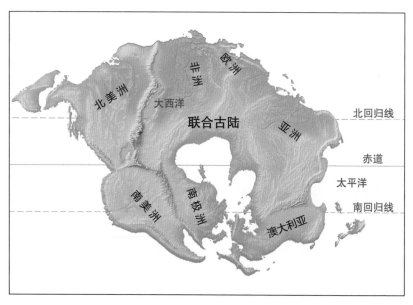

上图　地球上的板块一直处在运动中。地质学家预测它们会再次相聚，连接成一个整体，形成所谓的联合古陆。

联合古陆

大约 2.5 亿年前，地球上的陆地是一个被原始大洋包围的统一的超级大陆，名为联合古陆。其英文在古希腊语中意为"全部陆地"。随着岩浆从地壳下方涌出并造成裂缝，陆地逐渐分离成了我们现在看到的七大洲的样子。在不同大陆的海岸线上发现的相同沉积层和化石种（fossil species）证实了这一点。

地质学家预测，再过 2.5 亿年，这些大陆将重新变成一个整体，形成假想中所谓的终极盘古大陆。

当太阳进入红巨星阶段后，它的包层会不断膨胀。那时太阳会因太阳风的增强而失去质量，它对行星的引力也会减少，因此地球会进入一个稳定的半径更大的轨道。如果太阳没有将地球完全吞噬的话，地球将会像一块烧焦的煤渣一样围绕着白矮星（太阳生命的终点）旋转。

现在可能是问这个问题的好时机：逃离地球的太空计划进展如何？

无法预测的世界末日：火山喷发

正如我们所知，能够威胁地球生命的并非只有太阳的演化，地球自身的环境其实也危机四伏，火山喷发就是其中之一。

我们生活的星球曾经处于熔融状态，在冷却后变成了现在的样子，并且仍在继续冷却。地下熔融或部分熔融的岩石称为岩浆，它们可以将热量输送到行星表面，产生从温泉到火山喷发的各种现象。大多数情况下，无论这些喷发多么壮观，都只会影响火山周围相对较小的区域。然而少数情况下，火山喷发会产生全球性的影响。例如，在 1815

年，位于现在印度尼西亚境内的坦博拉火山发生大喷发，大量烟尘进入平流层，太阳光被遮挡。这直接导致了次年全球平均气温下降，1816 年因此被称为"无夏之年"。

然而，有时从内部涌出的岩浆无法冲出地壳形成孤立的火山。在这种情况下，压力会在地下积累，直到大面积的地壳在极强的爆炸和巨量岩浆喷发中破裂。当喷出岩浆的体积大于 1 000 立方千米时（请注意我说的单位是立方千米），就称其为超级火山喷发，超级火山喷发喷出的物质足够将得克萨斯州大小的区域掩埋在 1.5 米厚的岩层之下。世界上已知的超级火山大约有 20 座，其中最著名的可能要数位于美国黄石国家公园的黄石火山了，这座超级火山上次喷发是在 66.4 万年前。如果今天发生类似的喷发，北美洲大部分地区都将被火山灰掩埋。

地质学家研究发现，地球至少经历过 47 次超级火山喷发——最近一次是新西兰陶波火山在 2.65 万年前的喷发，那个时候人类还处于穴居状态。因此，不管你在世界末日题材的科幻电影中看到的结局是什么，地球上的生物（包括人类）都很可能会在下一次超级火山喷发中幸存下来，即使不是所有的生物都能幸存（尤其是那些想近距离观察火山喷发的生物）。

数百万年前，一种与大火成岩省①相关的火山活动也曾威胁到地球上的生命。这种火山活动的规模之大使超级火山喷发都相形见绌，喷出的熔岩可达数十万立方千米。例如，德干地盾（Deccan Trap，印度中西部的一个广阔地质构造）可以追溯到大约 6 500 万年前的火山喷发，而西伯利亚地盾（Siberian Trap，俄罗斯北部的一个类似的地质构造）则起源于 2.5 亿年前的火山喷发。这些岩浆外流活动发生的时间

---

① 连续的、体积庞大的、由镁铁质火山岩及伴生的侵入岩所构成的岩浆建造。

Neil deGrasse Tyson
@neiltyson

美国黄石国家公园位于一座沉睡的超级火山上，其荒芜之美仿佛在时刻提醒着我们，地球上并非每个角落都是生命繁衍的乐土。当你踏足很多区域后，我们的"自然母亲"很快便会眼睁睁地看着你死去。

💬 432　　🔁 1.7K　　♡ 12.7K　　　2018年10月21日，17:35

与地球生物演化史上两次大规模生物灭绝事件的发生时间吻合，在回答这些大灭绝事件发生的原因时，不能忽视这些火山活动。

上图　美国黄石国家公园坐落在一座超级火山上，地下存在巨大的岩浆库。这座超级火山的上一次喷发距今已有 60 多万年，其所在区域经历了地震带来的地貌变迁，形成了今天充满蒸汽和硫黄的景观。

喀拉喀托火山带来的巨大灾难

　　爱德华·蒙克（Edvard Munch）的画作《呐喊》（*The Scream*）中的天空背景是红色的，一般认为造成这种景象的原因是 1883 年喀拉喀托火山喷发将大量物质抛入大气。当喷发发生时，喀拉喀托火山实际上被撕开了。大量海水涌进了火山喷发的裂口，引起的爆炸声大到在 3 000 多千米外的澳大利亚都能听到——这是人类有记录以来最大的声响。这次喷发和继发的地震、海啸导致周围 5 万多人死于非命。

无法预测的世界末日：地外天体撞击

在 5 万年前的一个普通日子里，一颗长度大概有 16 层楼那么高的小行星从美国亚利桑那州上空坠落。这颗小行星主要由坚固的铁组成，在穿过大气时产生的高温中幸存下来，最终消散于撞击地球的爆炸中，它炸出的陨星坑[①]直径超过 1 千米。目前那里成了热门的旅游景点——巴林杰陨石坑（Barringer crater），以其土地所有者的名字命名。当时人们对这种大坑的起源并不十分清楚，而现在我们都知道更确切地应该称其为亚利桑那陨星坑（Arizona meteor crater）。这个大坑时刻提醒着我们，地球其实处在非常危险的空间环境之中。

太阳系中的大多数小行星都位于火星和木星的轨道之间，这个集聚了大量小行星的区域被称为小行星带（asteroidal belt）。就像陨星坑一样，在天体物理学中，我们往往对我们给事物起的名字很敏感。然而，小行星偶尔会因为发生随机碰撞或行星引力的影响而被推向地球。这些小行星不是专门瞄准我们的，但如果我们碰巧挡住了它们的去路，如果我们碰巧在错误的时间出现在错误的位置，它们就会击中我们，就像那颗击中亚利桑那州的小行星一样。

我们所知道的最具灾难性的小行星撞击发生在 6 500 万年前，当时一颗大小与珠穆朗玛峰相当的小行星撞击了地球，撞击点位于墨西哥尤卡坦半岛现在称为奇克苏鲁布的地方。这颗小行星加速到了大约 20 千米每秒，撞击能量超过全人类核武器总能量的 1 000 倍。

动能在撞击时转化为热能，撞击形成了一个直径约 180 千米的大坑，并引发了生物大灭绝，这是 5 次生物大灭绝中最近的一次。爆炸

---

① 陨星坑又称陨石坑或陨击坑，指小天体高速撞击行星或卫星表面后所形成的圆形坑构造。

Neil deGrasse Tyson ✔
@neiltyson

陨星坑使亚利桑那州闻名于世,大峡谷需要数百万年才能形成,
而形成陨星坑只需要几秒钟。

💬 119　　↻ 1.2K　　♡ 2.7K　　　　2015年2月1日,20:06

产生的尘埃覆盖了高层大气,在多年的时间里阻挡了阳光。长期的黑
暗连同海啸和空中掉落的燃烧着的爆炸碎片,导致地球上三分之二的
物种灭绝,包括我们从小就喜欢(和害怕)的所有恐龙。

　　那么让我们问一个令人不安的问题——以后会不会还会发生大型
小行星撞击地球的事件?换句话说,是否还会发生能够造成生物大灭
绝的小行星撞击事件?

　　美国国家航空航天局专门制订了几个计划来探测威胁地球的天体。
其中最著名的是泛星计划(Pan-STARRS),它由位于夏威夷哈雷阿卡
拉山顶的望远镜及其他设施组成。该项目和其他同类项目已经发现了
数十万颗小行星,其中数万颗被归类为危险的近地天体。我们希望这
是一个完整的目录,所有比足球场大的对地球有潜在威胁的小行星都
被收录其中。

　　如果确实出现了这样的威胁,我们可能不会像好莱坞影片中描述
的那样在小行星撞击地球之前用核武器将其炸毁。

　　引爆核武器造成的后果是难以预料的,而且即便成功炸毁小行星,
爆炸也会产生大量混乱飞行的碎片——它们可能会以更快的速度撞向
地球,成为致命威胁。更为可行的方案是,使用某种方法将小行星逐
渐推离原有轨道,使它无法撞向地球。

左页图　从亚利桑那陨星坑可以看到 5 万年前撞击地球的小行星造成的破坏。

未来的星系碰撞

尽管哈勃发现了宇宙膨胀，也就是宇宙中的星系整体上都在彼此远离，但如果两个星系彼此靠得很近，它们之间的吸引力足以在局部抵消宇宙的膨胀。换句话说，有些星系会碰撞到一起。事实上，几十年来，天体物理学家一直怀疑银河系和其邻居仙女星系将在几十亿年后发生碰撞。

得益于盖亚天文卫星收集的新数据，近年来我们对未来星系碰撞的细节有了更多的了解。在前面章节讨论视差和宇宙距离阶梯时，我们也对这些数据有所提及。盖亚天文卫星由欧洲空间局在 2013 年发射，目标是对银河系内数以亿计的恒星的位置进行前所未有的高精度测量，以此为依据获得银河系恒星分布的三维模型。尽管盖亚天文卫星的主要功能是观测银河系中的恒星，但它也可以探测到仙女星系中明亮恒星发出的光。基于这些观测，我们可以预测未来发生的碰撞场景。

从现在起大约 45 亿年后，两个星系将相遇并发生横向擦碰。如果我们只看星系中的发光部分，会发现它们几乎没有发生碰撞。每个星系周围都有一个巨大的暗物质晕，暗物质晕的引力在此时会产生非常重要的作用。当银河系和仙女星系擦肩而过之后，暗物质晕的引力会使两个星系都开始减速，然后停下、反向运动，进而再次相撞。

星系内部有多空旷？

如果整个美国大陆上只有 30 只大黄蜂，那么它们中任意两只发生碰撞的概率都要比星系碰撞时两颗恒星相撞的概率大得多。假如这个场景你还是很难想象，那么我们换个说法：如果太阳是你看到的这句话末尾的句号，那么离它最近的恒星位于 6 千米之外。

需要注意的是，星系不像固态的天体。事实上，星系中的恒星之间大部分空间都是空荡荡的。所以星系间的碰撞也不是一次性的，星系在擦身而过后，会掉头再次擦碰，然后多次重复这个过程。但二者往复运动的幅度会越来越小，直到系统稳定下来，形成一个新星系。新星系的名字有点缺乏想象力，由两个星系的名字拼凑而成——银河仙女星系（Milkomeda）。

开放、封闭还是平直?

当我们思考整个宇宙的命运而不是我们附近天体或星系的命运时，我们必须首先了解宇宙的基本几何结构。想象一下你从地球表面向上抛出一个球，除非你是超人或者惊奇队长，否则它最终会因为重力减速，然后落回地球。如果将球以同样的速度从小行星表面向上抛，它将飞向太空，永不返回。如果以完美的速度投球，刚好可以补偿和抵消重力的影响，球可能会进入环地轨道。总之，球的命运取决于你发射它的速度、方向以及它受到的重力。

我们可以对宇宙膨胀的最终结果进行类似的论证。如果宇宙有足够的质量（足够的引力）来减缓星系远离的速度并让它们掉头，那么膨胀就会逐渐停止并在某一天逆转，这种情形我们称之为闭宇宙。

另一方面，如果宇宙没有足够的质量，膨胀将永远持续下去，我们称之为开宇宙。这两种情况之间的过渡点被称为平直宇宙或平坦宇宙，它有足够的质量来阻止膨胀并最终在两种情况之间保持平衡。实现这一目标的质量被称为"关闭"宇宙的临界质量。

所以，当我们思考宇宙的未来时，必须考虑3个要素：普通物质的总量、暗物质的总量以及暗能量的总量。

前两者可以通过经典的引力作用共同减缓宇宙膨胀，而暗能量则

80 ~ 100 吨 每天落入地球大气的太空物质有80~100吨。

是真空中的反引力作用，会加速宇宙的膨胀。

对宇宙未来命运的思考还可以通过另一种方式进行，一种取决于几何而不是引力作用的方式。在这里，决定宇宙命运的是宇宙基本结构的3种可能形状：封闭式、平直式和开放式。

哪种形状代表了我们生活的实际宇宙呢？我们提出的不是一个理论问题，而是一个经验问题。我们需要进行一些测量然后才能在3种形状中做出选择。

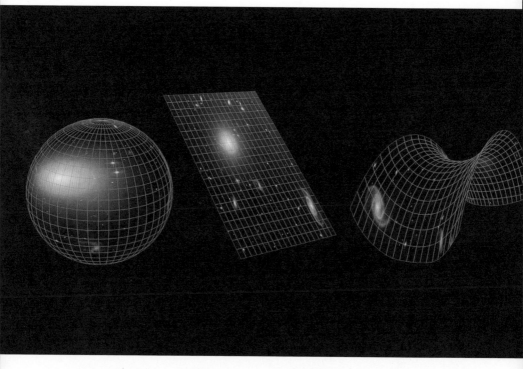

上图 宇宙的形状会影响它的命运。宇宙到底是封闭（左）、平直（中）还是开放（右）的呢？目前所有的证据都指向平直宇宙。

我们可以检测两条平行线在一段距离内是否保持平行，这只需要用到中学几何的知识。从左页的图中可以看到，很明显只有在平直宇宙中平行线才会一直平行。在封闭的宇宙中，平行线在延长后会相交，类似于地球表面的经线。尽管在技术上不可能通过发射激光束并观察它们在远距离传播后是否相交来进行这样的测量，但我们可以使用已经传播了超过 130 亿年的光子——宇宙微波背景辐射来进行验证。事实上，分析这些微波光子的天体物理学家已经给出了答案：我们生活在一个平直的宇宙中。

这个简单的事实却蕴含了宇宙将如何终结的深刻奥义。

宇宙由哪些成分组成？

现在我们知道了宇宙是平直的，并且没有足够的引力来阻止使其闭合，下一个浮现在我们脑海中的问题可能就是组成宇宙的各种成分是什么？让我们依次看看构成宇宙的每一部分。

重子物质：5%

重子物质是由普通粒子组成的物质，我们对它们早已经习以为常了。恒星、行星、小行星、彗星、星际尘埃云、黑洞，包括我们自己，都是由重子物质构成的。

但这种熟悉的物质形式仅占宇宙的 5% 左右——这是一个发人深省的事实。这意味着在整个科学史上，从最早的文明到现在，众多科学家穷尽毕生精力所探索的不过是整个宇宙的很小一部分。不过从另一个角度说，几千年来我们已经对什么是重子物质以及它们的行为方式有了很好的了解。我们为人类探索这 5% 的宇宙所取得的成就感到自豪。

> **Neil deGrasse Tyson** ✔
> @neiltyson
>
> 长期以来，"保护地球"的呼吁显得有点不严谨。要知道，我们的地球什么大风大浪没见过？它经历了大大小小的天体撞击，无论人类在地球上怎么做，地球都会在那里。但地球上的生命要脆弱得多。
>
> ○ 2.7K   ↻ 40.8K   ♡ 140.3K   2018年4月22日，14:49

暗物质：27%

把它称为暗引力可能更合适，因为或许这才是它的本质。但暗物质这个术语已经约定俗成，因此我们在后面也会顺其自然地继续使用。宇宙中的暗物质只占不到30%。

尽管我们不知道暗物质是什么，但我们知道它能做什么——更重要的是，它不能做什么。我们知道它与普通物质之间有引力作用，稳定着星系和星系团的结构。它还会使光线发生偏折，引发引力透镜效应[①]，该效应最早由爱因斯坦预言。

暗物质不与电磁波（光）发生相互作用，理论家对它的本质有一些猜想。目前的大多数猜想都假设暗物质是由某种难以捉摸的基本粒子组成的，但目前所有的实验（无论多复杂）都未能检测到暗物质粒子的踪迹。

暗能量：68%

暗能量既是宇宙中占比最大的成分，也是我们了解最少的成分。

---

① 由于引力场会导致光线偏折，所以大质量天体会像凸透镜那样会聚光线，这种效应称为引力透镜。

上图 DEAP-3600（氩脉冲形状暗物质实验）探测器是一个极其灵敏的暗物质探测器，位于加拿大安大略省的一个镍矿深处，深度超过 1.6 千米。

我们只知道它能起到一种反引力的作用，将星系分开，加速宇宙的膨胀，并且在宇宙中均匀分布，仅此而已。以下介绍关于暗能量本质的两种比较流行的解释。

其中最流行的解释是它代表了真空的能量。在广义相对论的早期版本中，爱因斯坦引入了一个称为宇宙学常数的术语来考虑这种可能

爱因斯坦的错误

　　爱因斯坦引入宇宙学常数是因为他和很多人一样希望宇宙是静态和稳定的，但要维持这种状态，就必须引入一种力来平衡掉引力。如果他没有受到这种偏见的影响，他本可以成功预测宇宙要么在膨胀、要么在收缩。当哈勃发现宇宙膨胀后，爱因斯坦迅速放弃了这个概念，后来，他称引入宇宙学常数是"一生中最大的错误"。

　　但宇宙学常数确实存在，只不过它的作用不只是平衡了引力，而是完全超越了引力。可能爱因斯坦最大的错误就是说引入宇宙学常数是他最大的错误。换句话说，哪怕爱因斯坦犯错了，其实他也是正确的。

性。如果把宇宙学常数当作真空的能量，用量子理论计算得到的与宇宙学常数对应的真空能量，跟实际天文观测的结果相差了 10^{120} 倍——1 后跟了 120 个零。很难想象在理论和观测之间可以出现如此大的差距。事实上，这可能是物理学史上错得最离谱的理论预测。

　　暗能量的另一种解释，称为精质（quintessence），这个名字来自古希腊哲学。该理论认为除了熟悉的土、气、火、水这 4 种元素，还有只存在于众神领域的"第五元素"。理论家认为暗能量可能是一种充满宇宙空间的新型流体，其作用是加速宇宙膨胀。

　　无论暗能量是什么，它都占了全宇宙的三分之二。

宇宙可能的结局

　　一般而言，宇宙以何种方式终结取决于宇宙到底是开放、封闭还是平直。在闭宇宙中，宇宙的膨胀在未来的某个日期会停止并逆转。宇宙中的物质开始聚拢，坍缩成最初的形态——一个密度无限大的奇点，这种情况称为大挤压。紧随其后的是新的扩张过程，即大反冲。因此，闭宇宙其实就是一个循环宇宙。这种观点很有趣，但目前收集到的所有数据都告诉我们，我们生活的宇宙并不是一个封闭系统。

宇宙其余两种可能的结局，无论是平直宇宙还是开宇宙，都取决于暗能量的性质。在宇宙早期的历史中，大量的普通物质和暗物质挤在一起，在任何空间尺度上，引力都是绝对的主导力量，无论当时的暗能量以哪种形态存在都无法显现其威力。随后，宇宙踩下了刹车，膨胀减速。到宇宙演化至大约 50 亿岁时，普通物质和暗物质已经扩散得非常稀薄，削弱了引力对宇宙的支配地位。这为暗能量超越引力、成为宇宙新的主宰铺平了道路，宇宙的膨胀开始加速。目前我们仍处于由暗能量控制的加速膨胀时代。

在这里，我们想知道暗能量是不是有限的。宇宙的命运取决于这个问题的答案。

如果暗能量的总量是有限的，那么它的影响会随着宇宙的膨胀而减弱。在这种情况下，引力最终将再次主导宇宙的演化，膨胀将减慢但永远不会结束，正如平直宇宙所预言的那样。

然而，或许暗能量的数量会随着宇宙的膨胀而增加——这可能是真空本身的特性。宇宙膨胀得越大，引力就越小，而真空也越来越多，暗能量相对于引力的强度就越大。

这种情况下宇宙的膨胀最终会加速到完全失控的程度，导致可怕的结局，称为大撕裂。一些理论预测大撕裂将在大约 220 亿年后发生。

在宇宙加速膨胀的过程中，先是星系之间的距离越来越远，随后空间的膨胀使星系内的恒星也逐渐分离。在大撕裂发生前 3 个月，太阳系解体。在大撕裂发生前 30 分钟，物质中原子之间的空间会增大到让所有物质实体（行星、岩石、人体等）全都撕裂的程度。最后，无情的反引力甚至会将这些原子撕裂，只留卜基本粒子飘荡在前所未有

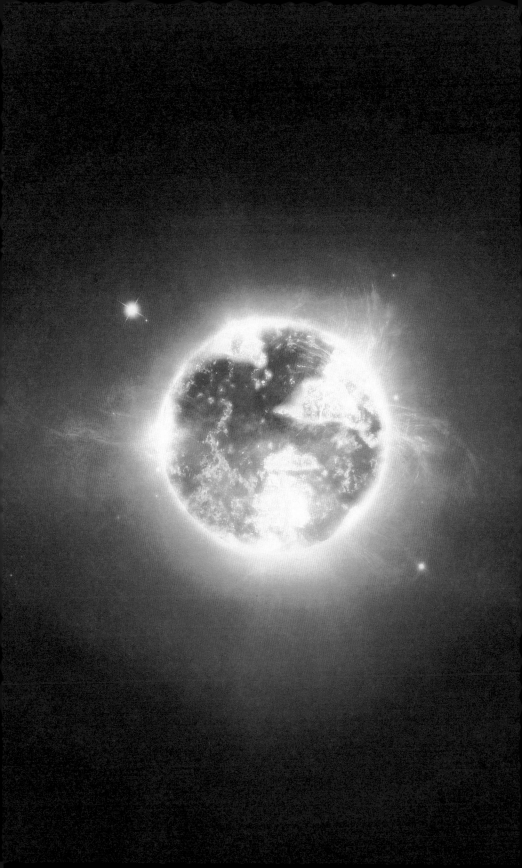

Neil deGrasse Tyson
@neiltyson

生命中探索的目的不应仅仅局限于寻找答案,在提出问题的过程中我们也可以找到快乐。

💬 423　🔁 8.8K　🤍 15.8K　　　　2016年2月24日,20:39

的虚空之中。

　　在对暗能量取得进一步认识之前,我们将无法确定宇宙的膨胀最终以何种状态终结。

时间地图的边缘

　　我们已经达到了目前所知理论知识的极限。除此之外,我们不得不效仿中世纪地图绘制者的技术,当他们到达已知世界的边界时,会在地图边缘写下"在此之外,充满猛龙",然后收工。

在地球上见证宇宙的终结

> 整个欧洲的灯都熄灭了。
>
> ——英国外交大臣爱德华·格雷(Edward Grey)爵士,1914 年。

　　用抽象的科学术语谈论宇宙的终结是一回事,而想象地球上的人在宇宙终结时看到的景象则是另一回事。因为物理定律此时正在终结

左页图　太阳只是宇宙中亿万颗恒星中的一颗,它在死亡时会膨胀成一颗红巨星,最终其燃料耗尽的核心暴露出来,成为一颗白矮星。

宇宙中的一切，为了避免一些不必要的争论，我们只能假设地球上宇宙终结的见证者适当屏蔽掉了物理定律的影响，并且寿命长到可以见证整个宇宙终结的过程。在那时荒芜的宇宙中，我们也会看到各种烟花一般的壮观天象，但总体来说星空还是会逐渐变暗。我们在本节开篇引用了格雷爵士在第一次世界大战开始时所说的话，未来宇宙的荒凉景象会与此类似。

在接下来的几十亿年中，除了太阳逐渐变亮并影响地球，我们并不会看到其他特别的事情。但此后，我们将开始注意到星空中的一些新天象。当仙女星系越来越靠近并且准备与银河系相撞时，它将变成越来越大的模糊光斑。这两个星系因为受到引力影响，形态开始扭曲。但正如我们前面指出的，它们后续的一系列碰撞可能不会对太阳或太阳系产生太大的影响。恒星之间的距离太远了，宿主星系的碰撞对它们而言无关紧要。

当太阳最终成为白矮星后，我们会注意到另一个现象：天上的恒星开始渐渐消失。

每颗恒星的生命都始于核心中发生的氢聚变，并在燃料耗尽时以白矮星、超新星或黑洞的形式结束其一生。大约 50 亿年后，我们的太阳将成为在太空中冷却的残骸，靠电子的支撑抵抗引力。

电子将不离不弃地支持太阳的余生，但最终太阳会冷却到与宇宙空间相同的温度，并不再发出任何波段的辐射。它彻底走向了黑暗。同样的命运也在等待着其他所有恒星，无论它们从哪条路演化，最终的结局都一样。

此外，随着恒星的消亡，我们注意到遥远的星系也在消失。宇宙膨胀的整体加速使星系之间的距离越来越大。最终，每个星系与地球之间的距离都会到达一个临界点，以至于它们发出的光线将永远无法到达地球。就像恒星一样，星系也一个接一个地消失。

遥远的未来

　　我们可以根据固体物理学对未来几十亿年发生的事做出一些预测。除此之外，我们的结论高度依赖我们对暗能量和基本粒子性质的猜想。有了这个免责声明，我们可以大胆地列出未来的大事年表了，其中的时间点是从现在开始计算的：

- 10 亿年后——地球上的海洋消失。
- 45 亿年后——太阳演化到红巨星阶段的末期，水星、金星（可能还有地球）都被太阳吞噬。仙女星系与银河系碰撞。
- 60 亿年后——太阳变成白矮星。
- 220 亿年后——大撕裂开始，一切结束。

如果没有发生大撕裂……

- 1 000 亿到 1 500 亿年后——本星系群以外的所有星系都将位于我们的可观测宇宙之外。
- 4 500 亿年后——本星系群中的所有星系合并为一个星系。
- 1 000 亿年到 1 万亿年后——将看到宇宙中最后一批恒星形成。
- 1 万亿年后——宇宙中寿命最长的恒星开始死亡。由于已经没有可以产生恒星的材料，宇宙将陷入永恒的黑暗之中。

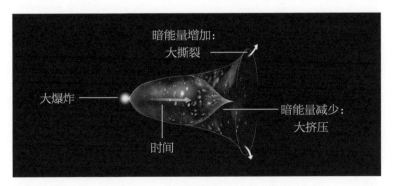

上图 宇宙演化的不同路径，具体演化方向取决于暗能量的总量。从左侧的大爆炸开始：如果暗能量增加，宇宙将沿着向外的路径演化，走向最终的大撕裂；如果暗能量减少，宇宙则将沿着向内的路径演化，最终走向大挤压。

Neil deGrasse Tyson ✔
@neiltyson

我们的宇宙有终点吗？很多人都对此感到好奇。答案是有！但是宇宙终结的时候没有轰轰烈烈，只有静静的呜咽；没有熊熊燃烧的烈火，只有凄凄冷冷的冰霜；没有照彻一切的光明，只有吞噬万有的幽暗。

💬　🔁 400　♡ 132　　　　2011年4月8日，23:10

　　最后，漆黑寒冷的宇宙围绕着我们，其中还有稀疏的基本粒子和蒸发中的黑洞。

左页图　加拿大阿尔伯塔省亚伯拉罕湖的夜晚，北极光洒落在湖面的冰缝上，让人联想到宇宙最后的结局：只剩下冰冷与黑暗的虚空。

第十章 宇宙万有与虚空有什么关系？

宝盒星团，一个位于南十字座
的疏散星团。

10

　　到目前为止，我们的大部分精力都放在了解宇宙的组成以及其运作方式上。但是就像你眼前这页纸上的黑色文字一样，你只能在有油墨的位置看到字母和单词。在视觉上，黑色物质之所以显现为黑色，是因为它们吸收了入射的各种波段的可见光，从而导致没有反射光进入你的眼睛。也可以这么说，在书本中，无就是一切。在宇宙学中也是如此：如果我们在谈论任何事物的存在性时，不同时考虑虚空，那么我们的话题也很难进行下去。就像阴和阳一样，它们是相辅相成的。

　　亚里士多德试图理解虚空，正如没有空气时的情形。他自信地宣称："大自然憎恶真空。"他的论点很简单：如果出现了真空，那么周围的空气就会立刻填充进来，真空就会消失，这证明了大自然的憎恶。

　　在中世纪，这个论点获得了神学上的支持，当时真空用来象征上帝的缺席。真空在中世纪的拉丁文名称意为"空白恐惧"，其意义不言而喻。

左页图　目前我们所知的宇宙仅占全宇宙的 5% 左右，如果把宇宙比作图中这个糖果罐，那我们所知的部分仅限于其中的彩色糖果，剩下的黑色颗粒到底是什么呢？

事实上，在 1277 年巴黎主教史蒂芬·唐皮耶（Stephen Tempier）的一封公开信中，他代表教会谴责了 219 个流行的错误观点①，"相信真空存在"赫然在列——与算卜和召唤魔鬼的咒语等列在一起。

我们应当知道，德国物理学家、政治家奥托·冯·格里克（Otto von Guericke）是证明真空确实存在的人。1654 年，他进行了一项著名的实验，将两个铜制空心半球对接在一起，然后抽出内部的空气，此时周围的大气压发挥了作用——一整个马队（总共 16 匹马）才将两个半球分开。通过这次实验，"无"的概念发生了变化，"无"的真空版本成为实验科学中的标准工具。

当今世界上最大的真空系统是位于瑞士的大型强子对撞机的环形通道。它实际上包括 3 个独立的系统：其中 2 个用来绝热，就像保温瓶一样，另一个则将环形通道中的大气分子和其他游离的原子清除出去，以确保粒子流在环形通道中畅通无阻。要将这个真空系统中的空气全部抽出来，需要整整 2 周的时间——一旦这个步骤完成，环形通道中的残余压力便仅剩下 10^{-13} 个大气压。相当于原有空气的每 10 万亿个分子，现在只剩下 1 个了。

事实上，大型强子对撞机的束流管内部空间的真空度比星际空间还高，可以说是太阳系中最空旷的地方。为了使高能粒子束顺利加速，我们都不希望它们撞到不应该撞到的东西。

颠覆认知的量子力学

20 世纪 20 年代量子力学的发展颠覆了当时的许多科学概念——真空的概念也未能幸免。

---

① 史称七七禁令。

Neil deGrasse Tyson ✔
@neiltyson

"大自然憎恶真空"是对宇宙空间一无所知的人才会持有的观点。事实上大自然非常喜欢真空,宇宙中大多数地方都是真空。

💬 338　　🔁 1K　　♡ 1.8K　　　　2013年8月17日,11:54

从亚里士多德的年代一直到那个时候,无论人们是否相信真空真实存在,至少他们都在以同样的方式思考——真空被认为是一个没有任何东西存在的空间。

但是不确定原理改变了这一切。虚粒子(用于承载基本相互作用力的粒子)是真空中的量子涨落,可以从无到有,只要它们在不确定原理规定的时间内被重新吸收即可。也就是说,一个粒子可以在真空中凭空出现,只要它在足够短的时间内消失就行了。我们再一次想起了舞会上的灰姑娘——她可以去,只要她在午夜前回来。

量子力学中真空的概念有着深远的影响。传统观念中的真空是静态的、没有生命力的,而量子力学将真空描述成一种动态的空间,充满了昙花一现的粒子——它们出现和消失的速度只要快到让海森伯博士满意即可。

想象一下你有一种特殊的玉米粒,这种玉米粒不仅

右图　1800年左右真空实验所用的空气泵。

能像普通的玉米粒一样爆开，变成爆米花，而且还可以从爆米花收缩成原来的玉米粒。如果你把这些想象中的玉米粒放到火中，你会看到什么？

起初你会看到玉米粒随机地爆成爆米花。然而，很快你就会看到诡异的现象。一粒粒爆米花又随机地变回原始状态——一颗颗玉米粒。这种令人毛骨悚然的现象与量子真空类似：平均而言，系统中没有能量的增减，这与亚里士多德的真空概念大相径庭。

上述对真空的讨论听起来像是爱丽丝在梦游仙境时遇到的事情——但请放心，无数的实验证实这个翻腾的量子真空是真实存在的。

整个宇宙都是真空涨落吗？

美国物理学家爱德华·特赖恩（Edward Tryon）在 1973 年首先提出了这个问题。他是第一个研究量子力学定律是否与宇宙起源有关的人。他认为，没有理由认为宇宙不可能起源于一种涨落——可以肯定这是一种罕见的涨落，更确切地说是量子真空的涨落。

这是一个非凡的观点。他将宇宙的诞生归因于一对虚粒子的产生。请记住，不确定原理对虚粒子可以存在多长时间有明确的限制：粒子质量越大，其寿命就越短。对于一个从真空中产生的正负电子对，它们的寿命只有大约 10^{-21} 秒——一万亿分之一纳秒。那么一个包含上千亿个星系的宇宙能存在多久呢？很显然不可能是几十亿年。

不过，更重要的是，特赖恩的观点似乎违反了一条最基本的自然法则：能量守恒定律。所有这些星系的质量（能量）怎么可能凭空出现呢？类似的反对意见至少可以追溯到古罗马哲学家卢克莱修（Lucretius），他著名的论述 "Nil posse creari de nihilo" 翻译过来就是"无中不可能生有"。

Neil deGrasse Tyson ✔
@neiltyson

如果你做事情拈轻怕重，只想着解决最简单的问题，又怎么能让
自己在人群中像黑夜中的萤火虫一样鲜明出众呢?

💬 61　　🔁 2.1K　　♡ 764　　　　　　2012年6月27日，15:40

    这个问题的答案实际上有助于解释宇宙的起源。

    当我们观察宇宙时，我们会看到两种不同的能量：一种是前面提到的蕴含在普通物质粒子质量中的能量，这种能量是正的；另一种是蕴含在引力场中的能量，这种能量是负的。

上图　21 世纪的终极真空实验。一名工程师在大型强子对撞机内骑着自行车与同事擦肩而过，大型强子对撞机的运行需要极高的真空度，压力仅为大气压的 10 万亿分之一。

不确定性的妙用

不确定原理并不意味着宇宙是一个如幽灵般的诡异存在。相反，它表达了测量行为受到的基本限制，这对微观世界中的粒子而言非常重要。你不能同时测量一个粒子的位置和速度，原因是无论你测量其中哪一个物理量，都会影响你测量另一个物理量的能力。

想象一下，你要去找回一枚滑落到汽车椅垫缝隙中的硬币。当你伸手去拿它时，你手的宽度却将缝隙撑得更开了，于是硬币滑得更深。伸手去拿硬币的动作让拿到硬币变得更难了。

量子物理学告诉我们的另一件事是，你无法知道无法测量的东西。因此，海森伯的洞察力在于（成功地）将这些客观事实上升为全宇宙的法则。

负能量？

这个概念可能有点让人摸不着头脑，我们举一个例子来说明它。如果你想把一个物体从地球表面移到太空，你必须为它提供足够的能量来爬出地球的引力势阱。看看美国国家航空航天局发射的火箭起飞时所消耗的燃料，你就会明白为了将火箭的有效载荷送入太空——远到地球的引力再也没有办法将其拉回来，到底需要多少能量。火箭上的有效载荷在地面上相对于地球其实处于负引力势能的状态，当火箭燃烧完所有的燃料后，它相对于地球的引力势能为零。

下面再举一例。在一片平坦的场地，有人在挖一个洞并堆起一堆泥土。如果你看到的只是一堆泥土，那么这个过程看起来就很神奇——一个小土堆突然冒了出来。但是一旦你发现了那些土原来来自那个洞，奇迹就消失了。

右页图　火箭升空时需要消耗大量的燃料，其引力势能从负开始逐渐增加，一旦脱离地球引力的束缚，就变成零势能。图中是阿特拉斯 -5 型运载火箭搭载着毅力号火星车升空时的照片。目的地：火星。

特赖恩的坚持

美国物理学家爱德华·特赖恩（Edward Tryon）讲述了一个故事。在一次学术报告会上，年轻的特赖恩脱口而出地向演讲者问道："宇宙会是真空涨落形成的吗？"在场的每个人都笑了，以为他在开玩笑，但他依然坚持自己的研究。短短几年后，他的成果便发表在《自然》杂志上。

拿着铲子的人创造了一个洞和一堆泥土，但开始时既没有洞也没有土堆。所有这一切意味着你可以创造一个总能量为零的宇宙，只要你不断在其中制造洞和土堆，你的宇宙就会非常有趣。

特赖恩在他论文的结尾说了一句我们很喜欢引用的话。他推测："也许我们的宇宙只不过是随时都在发生的稀松平常的真空涨落而已。"

宇宙起源

让我们来搭建一个宇宙起源的场景——一个大多数宇宙学家都接受的场景。

它始于量子真空。理解大爆炸以前的宇宙的最佳方式是将其想象成从山上滚下来的球。球起始的位置越高，具有的初始势能就越大。这座山的底部被称为真正的真空状态。然而，如果在下落过程中，球落入山丘上的一个坑中，它会发现自己处于所谓的假真空（也叫伪真空）状态。大量的能量储存在假真空中——从洞里轻轻一推，球就会继续朝着真正的真空前进，释放出潜在的势能。在牛顿力学的理论框架下，球摆脱假真空的唯一方法是有人将球推过坑的边缘。然而，在量子世界中，它有几种方法可以不必费劲地爬出来就逃脱这个坑。其中之一是量子隧穿效应，坑中的东西（例如一个宇宙）消失，然后立即重新出现在洞外，继续滚下山坡。

存在许多与此场景相关的相互竞争的宇宙起源理论，但它们都包括强大的排斥作用（反引力），也就是我们今天所知的在假真空中运行的暗能量，这是宇宙膨胀的动力之源。一旦系统到达真正的真空，所有储存在假真空中的引力能量都必须释放到另一个地方，在膨胀的情况下，它会触发一个由粒子和辐射形成的火球，我们称其为大爆炸。

你可能已经亲身经历过这种情况。想象一下坐过山车的情景：你所在的车厢从高高的支撑架上具有很大重力势能的状态开始下落，随着势能转化为动能，你的速度越来越快。可以用这个过程类比大爆炸前宇宙的膨胀。当你到达底部时，通常会有额外的轨道让你逐渐减速并优雅地停下来。但是如果前面只有一堵砖墙在等着你会怎样？一旦接触，所有的能量都会立即转化为一场大爆炸，杀死过山车上的所有的人。

计算表明，假真空中蕴藏的能量可能是巨大的——1 立方厘米假

真空衰变

每隔一段时间，宇宙学家就会提出一种新的关于宇宙会如何终结的假设。其中一种假设与启动我们宇宙的真假真空有重大关系。如果我们当前的宇宙只存在于一个假真空中，将会如何？一次高能事件可以将我们从坑中冲出，使我们滑到真正的真空态中，释放出终结宇宙的火球。此外，理论上我们的宇宙可以在没有任何外部激发的情况下通过量子隧穿效应穿过坑洞的侧壁，直接滑到真正的真空中，这也会引发灾难——真正的真空会瞬间消灭我们所有人以及宇宙中的其他一切。

好消息是，宇宙在假真空的坑中剩下的寿命预计比我们当前宇宙的年龄还要长——所以今晚你可以高枕无忧了。

真空中包含的能量就大于可观测宇宙中的所有能量。即使你想创造好几个宇宙，能量也绰绰有余。

奇怪的是，在宇宙膨胀假说提出的早期，困扰科学家的不是解释膨胀如何开始，而是如何让它结束。这个挑战被委婉地称为"优雅退出问题"。该场景的能量图类似于一座简单的山丘，山脚下真正的真空在等待着我们，优雅退出意味着在从假真空的坑中隧穿出来之后，必须缓慢地滚下山坡、到达山脚。

大爆炸之前

我们现在已经收集了足够的工具来尝试回答另一个让无数人困惑的问题：大爆炸"之前"存在什么？

一些科学家认为试图回答这样的问题是荒谬的，甚至都不应该提出这个问题。引用伟大的非天体物理学家圣奥古斯丁（St. Augustine）的话："世界不是在时间中诞生的，而是与时间同时产生的。在世界存在之前没有时间。"换言之，如果时间是随着大爆炸而产生和存在的，那么谈论大爆炸"之前"的问题是没有意义的，这就像问"北极点以北是什么地方"。无论你从北极点往哪个方向走，你都是在向南走。即使你坐上直升机，你也只会升到北极点的上方，而不是它的北边。并不是北极点以北什么都没有，而是北极点以北甚至都没有北了。这个问题的前提本质上就是有缺陷的。

仔细想想，在童话主角匹诺曹（Pinocchio）的宇宙中，他的长鼻测谎仪也并非对所有问题都有效，有些问题会导致逻辑上的悖论。

假真空宇宙的情景至少为我们提供了一种回答这个被一些人认为是"无稽之谈"的问题的方法。在假真空背景中回答大爆炸之前存在什么，很明显答案是量子真空。这种状态可能在假真空衰变之前就已经存在了。

但是，如何检验这个答案正确与否呢？一种方法是在当前的宇宙中找到一些取决于大爆炸之前的宇宙状态的可观测量，这相当于寻找枪开火后产生的烟雾（而不是冒烟的枪本身）。不幸的是，宇宙的膨胀从根本上抹杀了进行这种检验的可能性。到底是怎么回事呢？为什么会这样呢？

假设我们手里拿着一只泄了气的气球，它的表面扭曲且布满了褶皱。如果我们给气球充满气，一个足够小的生物，比如在气球表面爬行的蚂蚁，会认为它是光滑平坦的。同样，因为我们相对于地球足够

上图 这幅抽象的作品用艺术化的方式表现了早期宇宙经历的振荡和膨胀。

小，所以在地面上我们眼中的地球也是平的。地球表面的人类只能通过太空照片或其他方法知道地球是一个球体。气球充气后，无论它开始时的表面有多粗糙，充气后褶皱都会消失，或者大大减少。当我们观察膨胀后的宇宙时也一样，关于膨胀之前宇宙面貌的任何线索都被膨胀给抹平了，这使我们无法得知宇宙是如何开始的。

即使我们认定宇宙诞生于真空能量，也还有一系列问题需要解决。为什么假真空会衰变？它什么时候衰变？如果假真空状态之前已经存在了无限的时间，那么为什么它会在选择 138 亿年前而不是其他时刻衰变来产生宇宙？这是哲学和科学的前沿问题。

上图 从地面上看，地球是平的；而从太空中看——图中这个视角来自国际空间站，地球表面的弯曲非常明显。

Neil deGrasse Tyson ✔
@neiltyson

如果匹诺曹说"我的鼻子要变长了"，我很好奇将会发生什么。

💬 2.5K　　↻ 5.7K　　♡ 47.3K　　　　　2020年4月20日，15:43

最后，姑且不论宇宙在诞生之前是什么样子这个问题是否有意义，这个问题可能是无法回答的。

多重宇宙

随着宇宙膨胀被广泛接受，以及量子物理学取得令人瞩目的成就（尽管量子物理学的有些解释显得比较怪诞，但也确实解释了很多现象），我们相信宇宙起源也会遵循这两个普遍真理。当你将这两个概念结合起来时，一个惊人的预言就自然出现了：还存在其他宇宙。

让我们回到前面那个滚下山坡的球。在牛顿世界观中，球的状态是由它的位置和速度来描述的，这两者可以被同时精确地测量。然而，在量子世界中，由于不确定原理，这样的描述是不可能的。因此，球的状态必须用概率来描述。在实际去测量球的位置之前，我们可以认为它同时存在于所有可能的状态中。

那么在量子世界中，从假真空衰变到真真空的球是什么样子的呢？球衰变的概率很高，但也可能不衰变，继续停留在坑里，尽管这种概率很小。

如果你觉得上面描述的情况很令人困惑，放轻松，其实我的感觉也一样。量子世界不像我们生活的这个熟悉的世界。宇宙也没有义务去按照人类的思维方式运作。

大反冲

假真空情景提供了一种思考大爆炸之前发生了什么的方法,一种假设的大爆炸之前的状态——大反冲,也给我们提供了回答这个问题的线索。按照大反冲的假设,当宇宙膨胀到一个临界点后,它会开始收缩并凝聚成另一个无限小、炙热的奇点,这将引发宇宙的新一轮快速膨胀。在这个假设中,宇宙可以从无限长的时间以前就开始这种爆炸 – 膨胀 – 收缩的循环,并在未来继续这种循环:一个无始无终的无限循环。

在一个无限的宇宙集合中,所有的可能性——无论概率多小,都将在某处变为现实。在这个只有两种结果的简单模型中,某些宇宙的量子真空中将会产生大爆炸火球,同时某些宇宙的系统仍处于假真空的状态。结果将会产生一个宇宙集合,每个宇宙都在不同的时间开始,每个宇宙中都包含着一个与我们相似的可观测宇宙,迅速膨胀的假真空将每个宇宙都相互隔开。换句话说,膨胀总在某个地方发生,这种现象被称为永恒膨胀。

上面描述的这幅图景被称为多重宇宙。想象一下,不同的宇宙就像一大堆气泡,因为中间空间的膨胀,它们永不相接。原则上,任何一个宇宙的基本结构——物理定律和基本自然常数的值(如光速和电子所带的电荷),都可能与其他宇宙不一样。这一事实为我们宇宙学中另一个棘手问题——所谓的精细调节问题,提供了可能的答案。

精细调节问题

想象一下如果引力的强度发生变化,我们的宇宙会是什么样子?如果引力更强,它可能会在大爆炸后不久将一切拉回来,致使宇宙寿

上图　多重宇宙（无数个可能的宇宙，我们只存在于其中一个）可能就像气泡一样共存，但从未接触过彼此。

命太短，无法形成恒星、行星和生命。如果引力更弱，物质可能根本不会聚集到星系中，也不会形成恒星或行星。

或者考虑一下电子所带的电荷发生变化。如果电子携带的电荷比现在少很多，原子就不能形成。如果电子携带的电荷比现在多很多，原子之间可能就不会交换电子以形成分子，因此就不会有化学反应。无论哪种情况，我们所知的生命形式都不可能存在。

这两个例子都是宇宙精细调节问题的代表。事实上，科学界有一个较为小众的研究领域，致力于弄清楚在允许生命形成的前提下，宇宙中的各种自然常数能在多大的范围内变化。但该领域的所有研究结果都指向了一个结论：如果要让宇宙形成生命，这些常数的可调节范围非常小。然而生命已经形成了——否则你怎么能读到这些话呢？既然如此，如何从自然形成的角度将各种常数非常小的可调节范围与生命存在这一事实协调起来的问题，被称为精细调节问题。

多重宇宙成了精细调节问题的救星。

如果存在无数个宇宙，每个宇宙都有不同的物理定律和不同的自然常数，那么其中一些宇宙就可能刚好同时具有允许生命存在的物理定律和自然常数。在这些宇宙中，生命可能也想知道为什么他们的宇宙被如此精细地调节到分毫不差的程度。

这种解决方案是统计学家所称的得克萨斯神枪手论证的宇宙学版本。想象一下，有人在谷仓的一侧随机射击。射击结束后，有人爬起来，在一堆碰巧落在彼此附近的弹孔周围画了一个靶心圆。你肯定不会因此称射击的人是神枪手。出于同样的原因，你也不应该仅仅因为我们的宇宙恰好是能够形成和维持生命的极少数宇宙之一就赞美它。

上图 在赤道几内亚的热带雨林中，一只红耳长尾猴爬上了树冠。精细调节的物理定律可以产生出生命形成和演化所必需的复杂分子。

多重宇宙的分类

会有人设计出一个分类方案，使多重宇宙这个新领域显得更有秩序吗？这个人已经出现了，他就是瑞典裔美国天体物理学家麦克斯·泰格马克（Max Tegmark）。他提出了以下 4 个层级的多重宇宙。

第一级

在我们可观测宇宙的边缘和更大的、包围它的单独气泡宇宙之间，还有很多别的宇宙，它们与我们的宇宙并非完全不同。我们看不到它们，它们也看不到我们。我们存在于彼此的领域之外。第一级多重宇宙有点像海上散落的船只，它们都在彼此可见的地平线之外航行。这些船只从各个方向都能看到自己的地平线，却由于相隔太远，根本看不到彼此。但与此同时，它们却又共存于同一片海洋中。

我们知道它们的物理规律和我们一样——我们可以通过方程确认这一点。不过，它们的初始条件可能与我们不同。例如，其中一些宇宙可能包含不同的物质和能量组合。有些宇宙可能有足够的质量让引力克服膨胀，使它们成为大反冲俱乐部的一员。如果这些宇宙的数量是无限的，那么所有可能的物质、运动和能量的组合——宇宙所有的可能性，都可以一一变成现实。例如，另一个宇宙里有另一个版本的你，但现在读的是另一本书，头发是紫色的。事实上，可能有无数个版本的你，其中一些版本可能与你有着相同的记忆，做出了你希望自己曾经做出的所有决定。可能性是无止境的，这就是科幻小说的读者所熟悉的多重宇宙——无数的平行宇宙。

这只是四个层级中的第一级。

第二级

第二级多重宇宙包含许多气泡宇宙。它是暴胀理论产生的多重宇宙。在这里，每个气泡宇宙都包含附属于自己的第一级多重宇宙，这些气泡宇宙可以有不同数量的维度和不同的自然常数，以至于其中的物质和能量的行为和结构可以完全不一样。

话虽如此，第二级多重宇宙在其他方面和我们是一样的，受到同样的物理定律和方程的支配。但是，这些宇宙现在有了无穷无尽的自然常数可供选择，于是我们得出了精细调节问题的简单解决方案：只需找到自然常数允许生命存在的气泡宇宙，然后再在其中找到初始条件允许恒星和行星诞生的那些气泡宇宙。这可能就是我们生活的宇宙。

第三级

第三级多重宇宙，通常被称为多世界诠释，是所有第二级多重宇宙一个接一个排列形成的集合。在这个结构中，所有时刻的所有量子态都在分支时间点变为现实。换句话说，一个世界中的每一个行动和每一个决定都使世界分裂成彼此不相干的分支。因此，无论你在读完这句话后产生了什么样的记忆，你都可以想象，在遥远的第三级多重宇宙中另一个你做出的决定与你不同，他的神经元以不同的方式发出信号，他此后的生活也与你完全不同。

第四级

第四级多重宇宙与所有可能的数学结构相关。在第四级多重宇宙中，牛顿定律可能有多种不同的形式。例如，引力可能不取决于物体的质量。或者在某些地方，随着时间的推移，系统会自然地变得更加有序——那会很奇怪。观察那个宇宙中的事件就像看倒放的电影一样。煎蛋卷会自然地解构并恢复成鸡蛋和一团奶酪。地板上摔碎的杯子的碎片会自发地重新组合起来，跳回到桌子上，准备装满热巧克力。

虽然我们尽力来解释第四级多重宇宙，但它已经远远超出了我们的物理学甚至哲学的能力范围，对其做出合理的想象与类比几乎是不可能的。

这真的是科学吗？

有时，人类有限的理解力和相对宇宙而言微不足道的寿命，使我们难以理解解释宇宙所用的理论物理学，以至于哲学会适当地介入。其实在你知道 14 世纪哲学家和神学家奥卡姆的威廉（William of Ockham）之前，你或许不应该阅读太多关于多重宇宙的文献。奥卡姆因宣称"如无必要，勿增实体"而闻名于世。如果他生活在现代，肯定会发明所谓的 KISS（"Keep It Simple, Stupid"译为"保持简单，傻瓜"）原则。他的观点现在被称作奥卡姆剃刀原理，这个原理告诫我们，当我们可以用多个假说解释同一种现象时，应当选择其中比较简洁的、可证伪的一种。

谈到这里我们是不是有点偏题了？猜想太多了？还开始谈论哲学了？我们讨论过的所有 4 个层级的多重宇宙其实都是一些在原则上我们无法与之交流的系统。如果科学方法的中心原则是所有命题都必须通过实践和观测来检验，那么关于多重宇宙的理论怎么能算科学的一部分呢？

让我们面对现实吧——我们离第一级多重宇宙越远，现实就越能冲淡我们无知的阴影。

多重宇宙理论的反对者指出，我们使用最前沿的粒子物理理论对其他宇宙所做的预测永远无法得到检验——于是我们再一次得出上面的结论，多重宇宙理论并不是真正的科学。另一方面，多重宇宙的支持者指出，该理论有坚实的理论基础，因为其建立在量子力学和宇宙膨胀之上。

此外，没有必要在接受一个理论之前要求这个理论的每一个预测都得到实验验证。例如，在 19 世纪 20 年代，物理学界仅基于两项测试——水星轨道的进动和 1919 年日食期间经过太阳附近的星光的偏折，就接受了广义相对论。该理论的所有其他预言——例如黑洞和引力波的存在，都在几十年后才相继得到观测的验证。

不过现在已经有理论物理学家——一群足够聪明的人开始思考如何通过观测我们自己的可观测宇宙中的现象，来揭示其他宇宙的存在。举个例子，如果我们自己的宇宙在过去碰巧与另一个宇宙发生了短暂的碰撞，那次碰撞就可能会在宇宙微波背景中留下特殊的记号。他们仍在不懈寻找。

　　关于我们这个平凡宇宙（也许只是无数宇宙中不起眼的一个）的许多问题仍有待解答。亲爱的读者，恳请你始终保持好奇心，并提出更多难以回答的问题。因为在短暂的生命中，我们的目标并不一定

上图　通过特定的天文事件，比如图中用延时摄影技术拍摄的日食，科学家可以检验他们的理论预言。1919 年发生的一次日食使白昼变为黑夜，科学家也借机检验了爱因斯坦关于太阳引力可以使背景恒星发出的光线在经过太阳附近时发生偏折的理论预言。

没有用

物理学家理查德·费曼（Richard Feynman）曾说过一句名言："科学哲学对科学家的作用，就像鸟类学对鸟儿的作用。"

是要找到答案，还可以是不断发现新角度，提出以前无法想象的问题。在这段旅程中，你也会塑造出自己独特的宇宙观，我们希望你一如既往地仰望星空。

左页图　亲爱的读者，到目前我们一直被观测、计算、技术、假设和理论团团围住，下面让我们花点时间安安静静地仰望星空吧!

我们银河系的心脏——耀眼的
银心。

致 谢

与《国家地理》的编辑和设计师共事让人倍感愉悦。

对于作者来说，最害怕的事莫过于出版商迫切希望改变自己精心构思的内容了。但是《国家地理》的同仁们目标非常明确，他们知道如何帮你表达出你的真实想法，并且让你可以心文合一。更重要的是，他们在页面上适时地添加妙语，同时采用了精心的版面设计和美轮美奂的图片，使本书增色不少，本书的作者从未想到正式出版的成果可以这么炫。我们简直是最佳拍档。本书是《国家地理》对《名人谈星》节目的提炼与升华。要特别感谢执行主编希拉里·布莱克（Hilary Black）、高级编辑苏珊·希契柯克（Susan Hitchcock）和副主编莫里亚·佩蒂（Moriah Petty），他们随时随地都在那里，支持和指导着我们的写作，为我们提供《名人谈星》节目的素材。同时，文案编辑希瑟·麦克尔韦恩（Heather McElwain）、高级制作编辑朱迪思·克莱因（Judith Klein）和编辑主任詹妮弗·桑顿（Jennifer Thornton）的把关确保了本书的对话风格不会偏离标准文学规范太远。此外，《国家地理》的创意总监梅利莎·法里斯（Melissa Farris）、艺术总监萨纳·阿卡其（Sanaa Akkach）、摄影总监苏珊·布莱尔（Susan Blair）和图片编辑艾德里安·科克利（Adrian Coakley）延续了《国家地理》的传统，通过引人注目的视觉效果提升了读者的阅读体验，拉近了地球读者与遥远宇宙的距离。

拓展阅读

第一章　地球在宇宙中处于什么位置?

Koestler, Arthur. The Sleepwalkers: A History of Man's Changing Vision of the Universe. Penguin, 1990.

Sobel, Dava. Glass Universe: How the Ladies of the Harvard Observatory Took the Measure of the Stars. Viking, 2016.

Tyson, Neil deGrasse. "Stick-in-the-Mud Science." Natural History 112, no. 2 (2003): 32+.

Webb, Stephen. Measuring the Universe: The Cosmological Distance Ladder. Springer-Praxis, 1999.

第二章　我们是如何研究宇宙的?

Hawkins, Gerald, and John B. White. Stonehenge Decoded. Hippocrene Books, 1988.

Levin, Janna. Black Hole Blues and Other Songs from Outer Space. Knopf, 2016.

Magli, Giulio. Archaeoastronomy: Introduction to the Science of Stars and Stones. Springer, 2016.

Selin, Helaine, ed. Astronomy Across Cultures: The History of Non-Western Astronomy. Springer, 2000.

第三章　宇宙是如何演化成今天这样的?

Randall, Lisa. Dark Matter and the Dinosaurs: The Astounding Interconnectedness of the Universe. HarperCollins, 2015.

Rubin, Vera. Bright Galaxies, Dark Matters. Springer-Verlag, 1996.

Stern, Alan, and David Grinspoon. Chasing New Horizons: Inside the Epic First Mission to Pluto. Picador, 2018.

Stern, S. A., et al. "Overview of Initial Results from the Reconnaissance Flyby of a Kuiper Belt Planetesimal: 2014 MU69." Available online at arxiv.org/pdf/1901.02578.pdf.

Tyson, Neil deGrasse, and Donald Goldsmith. Origins: Fourteen Billion Years of Cosmic Evolution. W. W. Norton, 2004.

Williams, Jonathan P., and Lucas A. Cieza. "Protoplanetary Disks and their Evolution." Annual Review of Astronomy and Astrophysics 49, no. 1 (2011): 67–117.

第四章　宇宙的年龄有多大？

Balbi, Amedeo. The Music of the Big Bang: The Cosmic Microwave
Background and the New Cosmology. Springer, 2008.

Guth, Alan. The Inflationary Universe: The Quest for a New Theory of
Cosmic Origins. Basic Books, 1988.

Riess, Adam G., et al. "Observational Evidence from Supernovae for an
Accelerating Universe and a Cosmological Constant." Available
online at iopscience.iop.org/article/10.1086/300499/pdf.

第五章　宇宙是由什么构成的？

Bartusiak, Marcia. Einstein's Unfinished Symphony: Listening to the Sounds
of Space-Time. Joseph Henry Press, 2000.

Feynman, Richard P., and Steven Weinberg. Elementary Particles and the
Laws of Physics: The 1986 Dirac Memorial Lectures. Cambridge
University Press, 1987.

Greene, Brian. The Elegant Universe: Superstrings, Hidden Dimensions, and
the Quest for the Ultimate Theory. W. W. Norton, 2003.

Riordan, Michael. The Hunting of the Quark: A True Story of Modern
Physics. Simon & Schuster, 1987.

Tegmark, Max, and John Archibald Wheeler. "100 Years of Quantum
Mysteries." Available online at space.mit.edu/home/tegmark/
PDF/quantum.pdf.

第六章　生命是什么？

Bostrom, Nick. "Ethical Issues in Advanced Artificial Intelligence." Available
online at www.fhi.ox.ac.uk/wp-content/uploads/ethical-issues-
in -advanced-ai.pdf.

Dodd, Matthew S., et al. "Evidence for Early Life in Earth's Oldest
Hydrothermal Vent Precipitates." Nature 543 (2017): 60–64.

Koshland, Daniel E., Jr. "The Seven Pillars of Life." Science 295, no. 5563
(2002): 2215–16. Available online at science.sciencemag.org/
content/295/5563/2215/tab-pdf.

Kurzweil, Ray. The Singularity Is Near: When Humans Transcend Biology.
Viking, 2005.

第七章　我们在宇宙中是孤独的吗？

Hand, Kevin Peter. Alien Oceans: The Search for Life in the Depths of Space.
Princeton University Press, 2020.

McKay, Chris P. "What Is Life—and How Do We Search for It in Other Worlds?"
PLoS Biology 2, no. 9 (2004): 260–63. Available online at www.

ncbi.nlm.nih.gov/pmc/articles/PMC516796/pdf/pbio.0020302.
pdf.

Scoles, Sarah. Making Contact: Jill Tarter and the Search for Extraterrestrial
Intelligence. Pegasus Books, 2000.

Trefil, James, and Michael Summers. Imagined Life: A Speculative Scientific
Journey among the Exoplanets in Search of Intelligent Aliens,
Ice Creatures, and Supergravity Animals. Smithsonian Books,
2019.

第八章　宇宙是如何诞生的？

Borissov, Guennadi. The Story of Antimatter: Matter's Vanished Twin. World
Scientific Publishing, 2018.

Feynman, Richard. QED: The Strange Theory of Light and Matter. Princeton
University Press, 1986.

Greenstein, George, and Arthur Zajonc. The Quantum Challenge: Modern
Research on the Foundations of Quantum Mechanics. Jones &
Bartlett Learning, 2005.

第九章　宇宙会怎样结束？

Levin, Janna, Evan Scannapieco, and Joseph Silk. "The Topology of the
Universe: The Biggest Manifold of Them All." Classical and
Quantum Gravity 15 (1998): 2689–98.

Oppenheimer, Clive. "Climatic, Environmental And Human Consequences
of the Largest Known Historic Eruption: Tambora Volcano
(Indonesia) 1815." Progress in Physical Geography: Earth and
Environment 27, no. 2 (2003): 230–59.

Schmidt, Nikola, ed. Planetary Defense: Global Collaboration for Defending
Earth from Asteroids and Comets. Springer, 2019.

第十章　宇宙万有与虚空有什么关系？

Bojowald, Martin. "What Happened Before the Big Bang?" Nature Physics
3 (2007): 523–25. Available online at www.nature.com/articles/
nphys654.pdf.

Tegmark, Max. "Parallel Universes." Scientific American (March 2003):
40–51. Available online at space.mit.edu/home/tegmark/PDF/
multiverse_sciam.pdf.

Tegmark, Max, and Nick Bostrom. "Is a Doomsday Catastrophe Likely?"
Nature 438 (2005): 754. Available online at www.nature.com/
articles/438754a.

图片来源

封面: ESA/Hubble & NASA (digitally manipulated);
后勒口: Daniel Douglas;
两个黑洞碰撞的计算机模拟图像: The SXS (Simulating eXtreme Spacetimes) Project;
作者序页左页图: Steve Gschmeissner/Science Source;
目录页左页图: Adam Woodworth/Cavan Images;
引言页左页图: Mary Evans Picture Library/Science Source;

2-3, NASA image optimized and enhanced by J Marshall—Tribaleye Images/Alamy Stock Photo; 4, Private Collection/Bridgeman Images;
7, J. B. Spector/Museum of Science and Industry, Chicago/Getty Images;
8, Private Collection/Bridgeman Images; 10, NASA/Bill Anders; 11, New York Public Library/Science Source; 13, Babak Tafreshi/National Geographic Image Collection; 14, Encyclopaedia Britannica/Universal Images Group via Getty Images; 16, NASA/JPL-Caltech/R. Hurt (IPAC); 19, ESO/S. Brunier; 21, Schlesinger Library, Radcliffe Institute, Harvard University; 22, Image courtesy of the Observatories of the Carnegie Institution for Science Collection at the Huntington Library, San Marino, California; 24, NASA/JPL-Caltech/R. Hurt (SSC/Caltech); 27, NASA, ESA, and S. Beckwith (STScI) and the HUDF Team; 28-29, Babak Tafreshi/National Geographic Image Collection; 30, akg-images/North Wind Picture Archives; 32, Richard T. Nowitz/National Geographic Image Collection; 35, NASA/JPL-Caltech/UCLA; 36, Smithsonian Libraries, Washington DC, USA/Bridgeman Images; 37, Charles Walker Collection/Alamy Stock Photo; 38, Biblioteca Nazionale Centrale, Florence, Italy/De Agostini Picture Library/Bridgeman Images; 39, Jean-Leon Huens/National Geographic Image Collection; 41, NASA/JPL/University of Arizona; 43, Craig P. Burrows; 46, New York Public Library/Science Source; 48, Liu Xu/Xinhua via Getty Images; 53, NASA/JPL-Caltech; 55 上 , Christian Offenberg/Alamy Stock Photo; 55 下 , NSF/LIGO/Sonoma State University/A. Simonnet; 57, Dave Yoder/National Geographic Image Collection; 58, NASA/MSFC/David Higginbotham/Emmett Given; 61, ESO/L. Calçada; 62-63, Moonrunner Design/National Geographic Image Collection; 64, SPL/Science Source; 68, Henning Dalhoff/Bonnier Publications/Science Source; 70, William Turner/Getty Images; 73, Courtesy Carnegie Institution for Science Department of

Terrestrial Magnetism Archives; 76, NASA, ESA and M. Livio and the Hubble 20th Anniversary Team (STScI); 78, NASA, ESA, J. Debes (STScI), H. Jang-Condell (University of Wyoming), A. Weinberger (Carnegie Institution of Washington), A. Roberge (Goddard Space Flight Center), G. Schneider (University of Arizona/Steward Observatory), and A. Feild (STScI/AURA); 81, Lynette Cook/Science Source; 83, NASA/Johns Hopkins University Applied Physics Laboratory/Southwest Research Institute; 84, Detlev van Ravenswaay/Science Source; 86-87, Adolf Schaller for STScI; 88, Courtesy KIPAC. Simulation: John Wise, Tom Abel; Visualization: Ralf Kaehler; 92, NASA; 94, ESA and the Planck Collaboration; 97, David Parker/Science Source; 99, ESA-D. Ducros, 2013; 100, ESA/Gaia/DPAC; 102, NASA's Goddard Space Flight Center; 104, David A. Hardy/Science Source; 106, Maximilien Brice, CERN/Science Source; 111, Ken Eward; 112-113, Pasieka/Science Source; 114, NASA, ESA and H. Bond (STScI); 117, aluxum/Getty Images; 123, David Parker/Science Source; 124, Jose Antonio Penas/Science Source; 127, Science & Society Picture Library/Getty Images; 128, NYPL/Science Source; 130, David Parker/Science Source; 133, Science & Society Picture Library/Getty Images; 134, Courtesy of Particle Fever; 138-139, IKELOS GmbH/Dr. Christopher B. Jackson/Science Source; 140, The Picture Art Collection/Alamy Stock Photo; 144, Roger Ressmeyer/Corbis/VCG via Getty Images; 145, Lynette Cook/Science Source; 147, NASA Photo/Alamy Stock Photo; 148, Keith Chambers/Science Source; 151, Steve Gschmeissner/Science Source; 154, Greg Lecoeur/National Geographic Image Collection; 157, Philippe Psaila/Science Source; 161, Mark Garlick/Science Source; 163, Eye of Science/Science Source; 164, NOAA Okeanos Explorer Program/Science Source; 166-167, Babak Tafreshi/National Geographic Image Collection; 168, NASA/JPL-Caltech; 171, NASA/JPL-Caltech; 173, Moviestore Collection Ltd/Alamy Stock Photo; 174, Lowell Observatory Archives; 175, ESA/DLR/FU Berlin; 176, Dr. Seth Shostak/Science Source; 178, Zoediak/Getty Images; 179, NASA/JPL-Caltech/MSSS; 180, Chris Butler/Science Source; 182, Frans Lanting/MINT Images/Science Source; 185, Courtesy of Lucasfilm Ltd. STAR WARS© & ™ Lucasfilm Ltd.; 187, Courtesy of the Ohio History Connection, #AL07146; 189, NASA/JPL-Caltech; 192, Bettmann/Getty Images; 195, Lynette Cook/Science Source; 196, Mark Garlick/Science Source; 198-199, agsandrew/Shutterstock;